NONGJI

农机试验设计

shiyan sheji

◎ 韩长杰　主编

中国农业科学技术出版社

图书在版编目（CIP）数据

农机试验设计／韩长杰主编．—北京：中国农业科学技术出版社，2018. 1
ISBN 978-7-5116-3471-9

Ⅰ．①农… Ⅱ．①韩… Ⅲ．①农业机械-试验设计 Ⅳ．①S22-33

中国版本图书馆 CIP 数据核字（2018）第 003372 号

责任编辑 姚 欢
责任校对 贾海霞

出 版 者 中国农业科学技术出版社
北京市中关村南大街 12 号 邮编：100081
电 话 (010)82106638(编辑室) (010)82109702(发行部)
(010)82109709(读者服务部)
传 真 (010)82106650
网 址 http://www.castp.cn
经 销 者 各地新华书店
印 刷 者 北京建宏印刷有限公司
开 本 710mm×1 000mm 1/16
印 张 10. 5
字 数 250 千字
版 次 2018 年 1 月第 1 版 2018 年 1 月第 1 次印刷
定 价 39. 00 元

《农机试验设计》

编 委 会

主　　编： 韩长杰

副 主 编： 张　静　郭　辉

参编人员： 董远德　袁盼盼　周　军　靳　伟

朱兴亮　姜彦武　刘希光　徐　阳

主　　审： 杨宛章

目　　录

绪　言

试验设计是近代迅速发展起来的一个应用数学的分支。从20世纪20年代费希尔（R. A. Fisher）在农业生产中使用试验设计方法以来，试验设计方法已经得到广泛的发展，统计学家们发现了很多非常有效的试验设计技术。20世纪50年代，日本统计学家田口玄一将试验设计中应用最广的正交设计表格化，为试验设计更广泛使用作出了巨大贡献。

对于任何一种新工艺、新材料和新品种的产生以及任何一项科研成果的获得，往往要经过多次反复地试验研究工作。凡要做试验，就存在着如何安排试验和如何分析试验结果的问题。试验安排的好，既可减少试验次数，缩短时间，避免盲目性，又能得到有效的结果；试验安排的不好，即使做了大量试验，仍得不到满意的结果，反而造成人力、物力和时间的浪费，因此对试验必须进行合理设计。要使一项试验设计合理有效，必须在安排试验时尽量减少试验误差和试验次数，且便于对试验结果（即指标值）进行统计分析。

《农机试验设计》就是讲述如何科学地、合理地编制试验方案，如何对其试验结果进行统计分析，从而使农机试验工作省时省力。由于农业机械的服务对象和工作环境的特殊性，具有以下特点：一是影响试验结果的不可控制因素多而复杂，且变动大；二是试验受季节制约，因而试验时期一般都很短，而又要安排重复试验；三是试验消耗人力、物力大。因此在农机试验研究中推广应用试验设计方法，具有特别重要的意义。

例如，研究某收割机切割器的性能，考察的试验结果是割茬高度。试验选择的参数和状态如下表0-1所列。

表0-1　某收割机切割器性能试验

参数	机速（m/s）	曲柄转速（r/min）	割刀类型	割刀状态	作物湿度
试验状态	1	450	Ⅰ型	锐	15%
	1.2	500	Ⅱ型	一般	20%
	1.5	550	小刀片	钝	25%

试验中共考察5个参数，每个参数有3种状态。将每个参数取一种状态进行组合，组成一种试验条件，这样全面组合共得243种试验条件。要弄清切割器的

性能，就要测得每种试验条件下的割茬高度，然后进行数据的分析比较，才能了解其性能。一共有 243 种试验条件，这些试验条件都要逐一地在田间进行，而田间试验要受到土壤情况、气候等自然条件的影响。为了使试验结果具有可比性，必须使这 243 次试验都在相同的土壤情况、气候等条件下进行，要满足这个要求实际上是很难做到的。另外，要完成这 243 次试验，所需的人力和财力是很大的。因此要以尽可能少的试验来获得较全面的足够多的信息。

综上所述，如何能以最少的试验次数来获得足够的有效数据，并对其进行科学的统计分析，从而得出比较可靠的结论？如何能在不均一的试验条件下，对试验结果作出正确的判断？这正是本书所要讲述的内容之一。

《农机试验设计》的内容十分丰富，应用非常广泛，鉴于当今在生产和科研中使用最多的是正交试验设计、区组设计、回归设计、均匀设计等，本书主要对以上常用方法进行介绍，并且以实用为原则，着重讲述其原理和方法，并通过农机试验的实例加以说明。而对于数学原理的理论论证，乃至很多公式的严格数学推导，本书不详加论述。

1　农机试验的正交试验设计法

1.1　农机正交试验设计的基本方法和极差分析

正交试验设计，就是应用数学工作者编制的正交表来编排多因素试验，并应用数理统计理论来分析试验数据，从而以较少的试验次数，得到全面信息的一种方法。

1.1.1　正交表

正交表的种类很多，它是正交试验法的基本工具，已制成不同规格供选用（详见附表）。

正交表的通用符号：$L_n(t^q)$

L——正交表的代号；

n——用该表可安排试验条件的数目；

q——用该表最多可能安排因素的数目；

t——每个因素可以取的水平数目；

t^q——全面试验搭配试验条件的数目。

n、t、q 都对应有具体数字。将通用符号代以具体数字成为各种正交表的代号：$L_4(2^3)$、$L_8(2^7)$、$L_{16}(2^{15})$、$L_9(3^4)$、$L_{27}(3^{13})$ 等。

每 1 个表号都对应 1 个表格。最简单的正交表是 $L_4(2^3)$ 表，如表 1-1 所示。

表 1-1　L_4 (2^3) 正交表

试验号 \ 列号	1	2	3
1	1	1	1
2	1	2	2
3	2	1	2
4	2	2	1

下标 $n=4$ 表示这个表有 4 横行，每行是一种试验条件，应用该表共要做 4 种不同条件的试验，它们分别由试验号 1~4 表示；括号内的指数 $q=3$ 表示该表

有3个纵列，最多可安排3个因素；括号中底数 $t=2$ 表示每个因素可取2个水平。

在试验号右面的一组字码，表示该号试验条件由不同因素水平具体组成。如第2号试验由1、2、2组成，即由第一因素的一水平，第二因素的二水平，第三因素的二水平组合成一组试验条件。

任何一张正交表都有下列两个特点。

（1）每1列中，不同的字码出现的次数相等。如表 L_4（2^3）中，字码“1”和“2”各出现2次。

（2）任意2列中，将同一横行的两个字码看成有序数对时（即左边的数放在前，右边的数放在后，按这一次序排出的数对），则必然组成完全有序数对，而且每种数对出现的次数相等。如表 L_4（2^3）中第1、3列组成一个完全有序数对：（1，1）、（2，2）、（1，2）、（2，1），其中每种数对均出现一次。

正交表的“正交”二字是从几何学中2个向量正交的定义借用过来的，这里表示均衡的意思。正交表中每列所包括的字码种数相同时，称为同水平正交表，如 L_4（2^3）、L_9（3^4）等。正交表中每列所包含的字码种数不相同时，称为混合水平正交表，如 L_8（$4^1\times2^4$）、L_{16}（$4^4\times2^3$）等。用 L_{16}（$4^4\times2^3$）表可安排4个四水平因素和3个二水平因素，共需做16种不同组合的试验。

1.1.2　正交试验设计的基本方法

1.1.2.1　试验方案的设计

如何设计试验方案是正交试验法的关键之一，现通过实例来说明。

例1–1　在5HN－1.5暖风粮食烘干机的研究中，为了提高单位时间的粮食脱水率，降低烘干耗电量，对烘干机的导向管的结构参数进行试验研究。我们假设因素之间没有交互作用。

正交试验方案的设计步骤如下。

（1）明确试验目的，确定试验指标：该例试验目的是提高单位时间的粮食脱水率，降低烘干耗电量，所以确定试验指标是耗电量（kW·h），指一次性干燥500kg粮食的耗电量。

（2）选因素、定水平：指标确定后，再确定影响试验指标的因素及水平。对耗电量有影响的导向管结构参数有：导向管直径（mm），导向管长度（mm），管开孔率（%）。因此可以确定3个因素（A：导向管直径，B：导向管长度，C：导向管开孔率）。又根据已掌握的资料和经验，决定对3个因素各考察两个状态。即各为2个水平（A_1：190mm、A_2：210mm；B_1：3 020mm、B_2：3 500mm；C_1：0.6%、C_2：0.9%）。具体列出因素、水平表如表1–2所示。

表 1–2　粮食烘干机械试验的因素水平

水平＼因素	A 导向管直径（mm）	B 导向管长度（mm）	C 管开孔率（%）
1	190	3 020	0.6
2	210	3 500	0.9

（3）选择合适的正交表：根据该例是选定 3 个二水平因素，又不考虑交互作用，因此可选用最简单的表。一般尽可能选用较小的正交表，以减少试验工作量。

（4）确定试验方案表：先作表头设计。即把要考察的因素分别排到正交表的各列上，各列号改成各因素符号。再将表中的各列字码换成对应因素的一水平、二水平，得到如表 1–3 所示的试验方案表。

表 1–3　烘干机试验方案

水平＼因素	A 直径（mm） （1）	B 长度（mm） （2）	C 开孔率（%） （3）	指标耗电量 （kW·h） y_i
1	A_1 190（1）	B_1 3 020（1）	C_1 0.6（1）	
2	A_1 190（1）	B_2 3 500（2）	C_2 0.9（2）	
3	A_2 210（2）	B_1 3 020（1）	C_2 0.9（2）	
4	A_2 210（2）	B_2 3 500（2）	C_1 0.6（1）	

试验方案表具体给出了 4 个组合处理方案，即第 1 号试验条件为导向管直径 190mm，导向管长度 3 020 mm，管开孔率 0.6%；第 2 号试验条件为导向管直径 190mm，导向管长度 3 500 mm，管开孔率 0.9%……试验方案确定后，要严格按照试验号后面规定的试验条件进行试验，试验后将试验结果填在试验指标栏内。须指出两点：①试验号是某种试验条件的代号，而不是试验顺序。所以可以按照号码顺序进行试验，也可以打乱这个顺序，随机地进行试验。为了减少外界条件所引起的误差，应尽可能将试验顺序随机化。②试验号的数目与试验次数是 2 个概念。在无重复试验的情况下，试验次数等于试验号数。在有重复试验的情况下，试验次数等于试验号数乘以重复次数。为了减少随机误差对试验指标的影响，一般将每号试验至少重复 1 次，用它们的均值作为指标值。

从这个试验方案里我们可看出按正交表安排试验有以下几个特点。

（1）在任一列中每个因素的各个水平，在试验中出现的次数相同（本例各出现两次）。

（2）在任意 2 列间，同一横行的任意两因素的不同水平所有可能搭配组合都出现了，且出现次数相等（本例各出现一次）。

（3）当因素 A 取 A_1时：$A_1B_1C_1$——试验点 1、$A_1B_2C_2$——试验点 2，B、C 两因素的 2 个水平都出现了，且各出现一次；当因素 A 取 A_2时：$A_2B_1C_2$——试验点 3、$A_2B_2C_1$——试验点 4，B、C 两因素的 2 个水平也都出现了，且也各出现一次。这样来看 A 因素由 A_1变化到 A_2时，其他因素 B 和 C 对指标的影响是相等的。因此比较这两组数的差异，可以认为主要是由 A 因素的不同水平变化造成的。同样，对因素 B 和 C 也有类似的情况。这就是所谓正交试验法的综合可比性。

（4）这是一种 3 个二水平因素的试验，全面试验有 8 种组合，可用一立方体表示所做试验的范围。每个因素的水平都用立方体的相应平面表示。见图 1-1。左、右两平面表示 A_1、A_2，上、下两平面表示 B_2、B_1，前、后两平面表示 C_1、C_2，各平面形成的 8 个顶点，表示 8 个全面组合试验条件。按正交表来编排试验只需做 4 次，这 4 个试验点的分布特点是每个面上都有 2 个对角点，每个点在每个平面上都独立占有 2 个边。显然这 4 个点在立方体上是均衡分布的，使每个试验点都有很强的代表性。正因为这种试验安排法有这些特点，才能做到试验次数少，而信息不少，达到用部分组合试验条件的试验代表全面试验的效果。

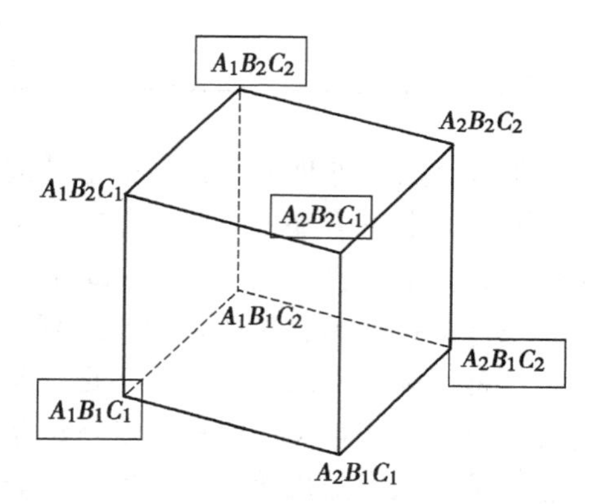

图 1-1　3 个二水平因素全面试验立方体

1.1.2.2　试验结果的极差分析

经过试验测得全部试验数据后，如何科学地分析这些数据，从中得出正确的结论，这是正交设计法的另一重要内容。下面介绍一种综合比较的极差分析法，也称直观分析法。

通过对试验结果的分析，要解决 4 个问题。

（1）确定因素的主次，即被考察的因素中各个因素对指标影响的大小情况。

（2）分清水平的优劣，即各因素哪个水平对试验指标影响最大。

（3）初选较优生产条件（或较优设计方案）。

（4）展望进一步试验方向并确定最优生产条件。

先分析各因素的不同水平对试验指标的影响。以 A 因素为例：如果从 4 个试验结果数据中直接比较 A_1 和 A_2 的优劣是不行的，因为这 4 个试验的组合条件中除 A 因素外，B、C 因素的水平组合没有相同的，所以没有比较的基础。但把这 4 个试验数据适当组合相加后，就可利用正交试验法所特有的综合可比性，对 A 因素的 2 个水平对指标影响的大小进行比较。将 4 个试验数据分成两组，A 因素的一水平的两次试验为Ⅰ组，A 因素二水平的两次试验为Ⅱ组。然后把每组的两次试验结果相加起来，这时便会发现：在Ⅰ组的指标和中，仅是 A 因素的 A_1 水平出现 2 次，B、C 两因素的各水平 B_1、B_2 和 C_1、C_2 均出现 1 次的影响；在Ⅱ组的指标和中，仅是 A 因素的 A_2 水平出现两次，B、C 两因素各水平 B_1、B_2 和 C_1、C_2 均出现 1 次的影响。对于条件 A_1 下的 2 次试验和 A_2 条件下的两次试验，虽然其他条件（B、C）在变动，搭配情况并不相同，但在 B、C 两因素没有交互作用的条件下，这种变动是“平等”的。因此，如果每组把 2 次试验结果加起来，即（见表 1-4）：

表 1-4　烘干机试验方案与结果分析

因素 试验号	A 管直径（mm） （1）	B 管长度（mm） （2）	C 管开孔率（%） （3）	试验指标 y_i 耗电量（kW·h）
1	1（190）	1（3 020）	1（0.6）	4.15
2	1（190）	2（3 500）	2（0.9）	3.70
3	2（210）	1（3 020）	2（0.9）	3.20
4	2（210）	2（3 500）	1（0.6）	3.50
K_{j1}	7.85	5.35	7.65	$\sum_{i=1}^{4} y_i = 14.55$ 主次因素 A、C、B 较优方案 $A_2C_2B_2$
K_{j2}	6.70	5.20	6.90	
k_{j1}	3.93	3.68	3.83	
k_{j2}	3.35	3.60	3.45	
R_j	0.58	0.08	0.38	

$$第Ⅰ组\ K_{A1} = y_1 + y_2 = 4.15 + 3.70 = 7.85$$

$$第Ⅱ组\ K_{A2} = y_3 + y_4 = 3.20 + 3.50 = 6.70$$

然后对两组进行比较，若 A 因素 2 个水平对应指标之和 K_{A1}、K_{A2}之间有差异，则说明此差异是 A 因素的不同水平对指标产生的影响。所以 K_{A1}、K_{A2}或它们的平均值 $k_{A1}=\frac{K_{A1}}{2}$、$k_{A2}=\frac{K_{A2}}{2}$ 的大小，反映了 A 因素的 2 个水平对指标的影响程度。由于 $K_{A1}=7.85>K_{A2}=6.70$ 或 $k_{A1}=3.93>k_{A2}=3.35$，从题意整体上看，导向管长度、开孔率的条件都一样，只有直径不一样，因此平均耗电量的差异$k_{A1}-k_{A2}=3.93-3.35=0.58$kW·h，说明了导向管直径 210mm 比 190mm 好，即 A 因素取二水平较为有利，它可以使耗电量下降 0.58kW·h。

上述分析方法也适用于其他因素，如果试验指标的数值越大（或越小）越好，则 k_{j1}，k_{j2}…中，数值最大者（或最小者）所对应的水平就是该因素的最优水平。本例分析确定 B、C 因素的最优水平分别为 B_2、C_2。其次分析因素的主次。一个因素对试验指标的影响大，则这个因素就是主要的，所谓影响大，就是说这个因素的水平变动引起试验指标的数值波动大。试验指标波动的大小可用因素极差的大小表示。极差，就是某因素的各水平对应指标和的平均值的最大者与最小者之差。某因素的极差大，则反映该因素的水平变动时，试验指标的波动幅度大，该因素对指标的影响大，因而显得重要。所以根据极差的大小，能确定因素的主次。本例中 $R_A=|k_{A1}-k_{A2}|=|3.93-3.35|=0.58$，$R_B=0.08$，$R_C=0.38$，$R_A>R_C>R_B$。于是因素的主次的排列顺序是：$A$、$C$、$B$。

以上各项分析计算都可在正交表上进行。如表 1-4。具体地说，就是在正交表下面增加 K_{j1}、K_{j2}、k_{j1}、k_{j2}和 R 各行，按表分别计算出各列的 K、k、R 的值，便可分析得出结论，十分方便。

确定了因素主次和水平优劣之后，初选较优生产条件（或较优设计方案）就容易解决了。对于主要因素，应该选取最优水平。对于次要因素可选取较好水平，也可选取有利于节约成本或便于操作等方面考虑的适当水平。本例初选较优设计方案为 $A_2C_2B_2$。由于因素 B 的 R_B相当小，说明 B 因素的水平变动对指标值的影响很小，考虑到缩短长度有利于节约成本，也可以选取 B_1，将 $A_2C_2B_1$ 作为较优设计方案。实际上这就是第 3 号试验条件，$y_3=3.20$kW·h，确实是个较好的设计方案。在实践中常常把预测的较优设计方案 $A_2B_2C_2$与试验中的较优设计方案 $A_2B_1C_2$进行对比试验，以校核所预测的较优设计方案是否可信，最后确定选用的较优设计方案。从数据分析初选的较优设计方案 $A_2B_2C_2$，并没有包括在已做的 4 个试验之内。可见，用正交试验设计法既可减少试验次数，又不会丢失信息。

从以上分析中初步看出，长度变化对试验指标影响不大，暂可固定为 B_2水平，而导向管直径增大及开孔率增大，耗电量有明显降低的趋势。所以可在其较优水平附近进一步试验。因素水平情况如表 1-5 所示。

表 1-5　因素水平

因素 水平	A 导向管直径（mm）	B 导向管开孔率（%）
1	200	0.8
2	230	1.1

通过选用 L_4（2^3）表试验，可能找到所展望的比 $A_2B_2C_2$ 更好的设计方案。最后再经过校核试验确定出最优设计方案。

1.1.3　应用实例

例 1-2　某农药厂为提高一种农药收率而进行试验：

（1）明确试验目的，确定试验指标：该例试验目的是为了提高农药的收率。所以试验指标是收率（%）。

（2）选因素、定水平：根据农药厂生产这种农药的实际经验，影响农药收率的因素有 4 个，每个因素都选 2 个水平，其因素水平如表 1-6。

表 1-6　因素水平

因素 水平	A 反应温度 （℃）	B 反应时间 （h）	C 配比（某两种原料之比）	D 真空度 （10Pa）
1	60	2.5	1.1/1	500
2	80	3.5	1.2/1	600

（3）选择合适的正交表：该例选定 4 个二水平因素，假设不考虑交互作用，可选用 L_8（2^7）正交表。

（4）确定试验方案表：先作表头设计，在 L_8（2^7）表头的第 1、2、4、7 列上，分别写上因素 A、B、C、D，见表 1-7。这样设计表头的原因将在下节说明。再将表 L_8（2^7）的各因素列中的字码“1”和“2”换成对应因素的一水平、二水平，便得到表 1-7 的试验方案表。

（5）按随机化顺序进行试验：测得试验结果。

（6）分析试验数据，选较优生产条件：计算分析见表 1-7 中下部分。

表 1-7　试验方案与结果计算分析

试验号＼列号	1 (A)	2 (B)	3	4 (C)	5	6	7 (D)	试验指标 y_i	简化数据 $y_i' = y - 91$
1	1 (60°)	1 (2.5)	1	1 (1.1/1)	1	1	1 (500)	86	-5
2	1	1	1	2 (1.2/1)	2	2	2 (600)	95	4
3	1	2 (3.5)	2	1	1	2	2	91	0
4	1	2	2	2	2	1	1	94	3
5	2 (80°)	1	2	1	2	1	2	91	0
6	2	1	2	2	1	2	1	96	5
7	2	2	1	1	2	2	1	83	-8
8	2	2	1	2	1	1	2	88	-3
k_{j1}	0.5	1.0	-3.0	-3.25	-0.75	-1.25	-1.25	$\sum y_i' = -4$	
k_{j2}	-1.5	-2.0	2.0	2.25	-0.25	0.25	0.25	较优生产条件为	
R_j	2.0	3.0	5.0	5.5	0.5	1.5	1.5	$C_2B_1A_1D_2$	

表 1-7 对试验指标值进行了简化，使得计算简便，又不影响分析结果。根据各因素的极差大小：$R_C>R_B>R_A>R_D$，确定因素的主次排列顺序为 C、B、A、D。由于试验指标收率为越大越好，所以取 k_{j1} 和 k_{j2} 中较大值的相应水平为各因素的最优水平。综合初选较优生产条件为 $C_2B_1A_1D_2$。

关于空白列的问题，在例 1-2 进行表头设计时，3、5、6 列没有安排因素。一般将没有安排因素的列称为空白列。空白列不涉及因素的水平改变问题，其极差应该为 0，但实际上有的空白列极差不等于 0，如 $R_3=5$。怎样分析这种现象呢？①如果 $R_{空}$ 值较小（本例 $R_6=1.5$），可将 $R_{空}$ 大致作为试验误差界限，用来判断各试验因素是否对指标有影响。如果某试验因素的极差大于 $R_{空}$，说明该因素对试验指标有影响，如果该因素的极差小于或等于 $R_{空}$，说明该因素对试验指标无影响，其极差是由于试验误差所引起。②如果 $R_{空}$ 值较大，必须考虑还有不可忽略的原因对试验指标有较大的影响，重新分析较优生产条件。本例中 R_3 比 R_A、R_B、R_D 都大，如何进一步分析详见下节。

1.2　有交互作用的正交试验设计

1.2.1　交互作用的概念

一般在实际试验中，不仅各个因素单独起作用，而且因素之间会互相促进或互相制约来影响某一指标，这种联合作用叫作交互作用。

如某处对土地情况大致相同的四块大豆试验田，用不同的方法施用氮肥（N）和磷肥（P）。结果第一块不加氮肥、磷肥的大豆地，平均亩产200kg；第二块只加3kg氮肥的大豆地，平均亩产215kg；第三块只加2kg磷肥的大豆地，平均亩产225kg；第四块加3kg氮肥、2kg磷肥的大豆地平均亩产280kg。将上述施肥法与产量列成表1-8。

表1-8 施肥法与产量列成

N \ P	$P_1=0$	$P_2=2$
$N_1=0$	200	225
$N_2=3$	215	280

从表1-8中看出：只加2kg磷肥，亩产增加25kg；只加3kg氮肥，亩产增加15kg；而氮肥、磷肥都加，亩产则增加80kg。这说明增产的40kg除氮肥的单独效果15kg和磷肥的单独效果25kg以外，还有它们联合起来所发生的影响，其值为：(280-200)-(215-200)-(225-200)=80-15-25=40kg。

在正交试验设计中，把这个值的一半称为N和P的交互作用，记为$N\times P$，即$N\times P=1/2\times 40=20$。

同理，我们可以计算出上节应用实例农药收率试验中因素A和因素B的交互作用。先根据表1-7算出A、B因素各水平搭配下的指标平均值，如表1-9所示。

表1-9 因素水平

B \ A	$A_1=60℃$	$A_2=80℃$
$B_1=2.5\text{h}$	$(y_1+y_2)/2=90.5$	$(y_5+y_6)/2=93.5$
$B_2=3.5\text{h}$	$(y_3+y_4)/2=92.5$	$(y_7+y_8)/2=85.5$

于是A、B因素联合起来的影响为：

$$\left(\frac{y_7+y_8}{2}-\frac{y_1+y_2}{2}\right)-\left(\frac{y_5+y_6}{2}-\frac{y_1+y_2}{2}\right)-\left(\frac{y_3+y_4}{2}-\frac{y_1+y_2}{2}\right)$$

$$=\frac{1}{2}(y_1+y_2+y_7+y_8)-\frac{1}{2}(y_3+y_4+y_5+y_6)$$

$$=\frac{1}{2}(86+95+83+88)-\frac{1}{2}(91+94+91+96)$$

$$=-10$$

此值绝对值比较大，它反映因素A和B联合起来对指标有较大的抑制影响。

则 A 和 B 因素间的交互作用就等于上面计算值的一半，即

$$A \times B = \frac{1}{2} \times \left[\frac{1}{2}(y_1 + y_2 + y_7 + y_8) - \frac{1}{2}(y_3 + y_4 + y_5 + y_6)\right]$$

$$= \frac{1}{2} \times (-10)$$

$$= -5$$

这同表 1-7 第 3 列的 R_3算法相比较：

$$R_3 = |K_{31} - K_{32}| = \left|\frac{1}{4}(y_1 + y_2 + y_7 + y_8) - \frac{1}{4}(y_3 + y_4 + y_5 + y_6)\right|$$

$$= 5$$

可以看出，表 1-7 中第 3 列的 R_3和 $A \times B$ 的交互作用的算法相同，即说明第 3 列反映了因素 A 和 B 的交互作用。由于 A、B 排在 1、2 列，所以也称第 3 列为第 1、2 列的交互作用列。同理可以算出 $|A \times C| = R_5$、$|B \times C| = R_6$。因此第 5 列为 1、4 列的交互作用列，第 6 列是 2、4 列的交互作用列。

对于二水平正交表而言，两个因素的交互作用也占有一列，应当作一个“因素”看待。交互作用列的极差大小反映了交互作用对指标的影响大小，可在正交表上直接算出。如 $R_3>R_B>R_A>R_D$，即因素 A、B 的交互作用超过了 A、B 单独对指标的影响，A 和 B 因素间不同水平的搭配是重要的，不能忽略。而 $R_{A\times C}$、$R_{B\times C}$比 R_A、R_B、R_C小得多，则交互作用 $A\times C$、$B\times C$ 可以忽略，视为试验误差所引起。

在多因素试验中，两个因素 A 、B 之间的交互作用称为一级交互作用，用 $A \times B$ 表示。三个因素 A 、B 、C 之间的交互作用称为二级交互作用，用 $A \times B \times C$ 表示，依此类推。二级以上的交互作用，统称为高级交互作用。通常高级交互作用均可忽略不计。根据实践经验和专业知识的分析，大部分的一级交互作用也可忽略，从而可选用试验号较小的正交表，以尽量减少试验次数，提高效率。

1.2.2 考虑交互作用的试验设计

根据以上分析，在此仅介绍考虑一级交互作用的试验设计。需要注意的是：

（1）在安排试验方案和分析结果时，虽可把交互作用当成一个“因素”看待，但它并非是一个具体因素，因而对试验条件不发生影响。

（2）表头设计时，既要限制严格，又要安排合理，即对所考虑的因素以及它们的交互作用不能随意安排。任意两列的交互作用列的位置，须根据所选正交表及相应的附表“两列间的交互作用列表”中查出。这两个表必须是引自同一

本书中，否则会产生混乱现象。因为每个正交表可以有多种排列法，不同书中的正交表可能不一致。

现在仍以上一节中某农药厂提高一种农药收率的试验为例。根据实践经验除考察4个二水平因素外，还需要考察交互作用$A\times B$和$B\times C$。如何安排这样考虑交互作用的试验呢？

首先应把交互作用$A\times B$、$B\times C$当作二个因素看待，连同A、B、C、D四个因素，必须选用多于6列的二水平正交表L_8（2^7）正交表恰好合适（见附表Ⅰ）。接着进行表头设计，先将因素A和因素B随意安排在第一、第二列上，由L_8（2^7）两列间交互作用表（表1-10）可查出，第1列和第2列的交互作用列是第3列，则交互作用$A\times B$应安排在第3列。然后将因素C安排在第4列，由表1-10查出。

表1-10 L_8（2^7）两列间交互作用

列号 \ 交互作用 \ 列号	1	2	3	4	5	6	7
1		3	2	5	4	7	6
2			1	6	7	4	5
3				7	6	5	4
4					1	2	3
5						3	2
6							1
7							

第2列和第4列的交互作用列是第6列，则交互作用$B\times C$应安排在第6列。考虑第5列可反映交互作用$A\times C$，本例不要求考虑$A\times C$，故留作空白列，最后将因素D安排在第7列。于是表头设计为。

列　号	1	2	3	4	5	6	7
因素或交互作用	A	B	$A\times B$	C		$B\times C$	D

由于因素A、B、C、D和需要考虑的交互作用$A\times B$、$B\times C$分别占据正交表的某一列，分析试验结果时互不干扰，因此表头设计是合理的。当然也可作如下合理的表头设计：

列　　号	1	2	3	4	5	6	7
因素或交互作用	B	C	$B\times C$	A	$A\times B$		D

对于考虑交互作用的试验设计问题，一般表头设计的要点是：

（1）先安排着重考察交互作用及涉及交互作用较多的因素，接着安排它们之间的交互作用，以保证主要的交互作用不混杂，次要的交互作用可以尽量忽略或任其混杂，从而减少试验次数。最后安排涉及交互作用较少和不考虑交互作用的因素。

（2）涉及交互作用的因素越多，占据正交表的列数就越多，则要选用较大的正交表，以增加试验次数为代价避免产生混杂现象。

（3）对于 t 水平正交表（$t\geqslant 2$ 的整数）而言，任两列之间的交互列有 $t-1$ 列。所以因素取的水平越多，交互作用所占的列数也越多。因此，在多水平试验设计中也要选用较大的正交表以免混杂。

表头设计按不可混杂的原则完成后，将安排因素的各列中的数字，换成各列因素相应的水平，即得试验方案表。须指出，各交互作用列中的数字只是代表因素水平的不同，用于分析结果，而对试验条件的组成无关。

1.2.3　试验结果的极差分析

试验结果的极差计算（包括交互作用）仍按前面讲的极差分析法在正交表上算出。如果各因素之间存在较多交互作用时，以极差最大的一列对应值作为该交互作用的极差。根据极差的大小，分析排列因素和交互作用的主次顺序为：C、$A\times B$、B、A、$B\times C$、D。显然，交互作用 $A\times B$ 对指标的影响远远超过 A 或 B 因素单独对指标的影响。这时因素 A 和 B 的最优水平必须分析交互作用的不同搭配效果才能确定。即计算出不同搭配条件下，试验指标的平均值，列出交互作用搭配表，见表 1-11。

表 1-11　A、B 因素交互作用搭配

A 因素 / 不同搭配时指标平均值 / B 因素	A_1	A_2
B_1	$(y_1+y_2)/2=90.5$	$(y_5+y_6)/2=93.5$
B_2	$(y_3+y_4)/2=92.5$	$(y_7+y_8)/2=85.5$

在包含 A_1B_1、A_1B_2、A_2B_1、A_2B_2 不同搭配情况的四组试验中，每组有两号

试验。在四组试验中，除了 A 和 B 的水平搭配不同外，C、D 两个因素的 2 种水平都出现了，且出现的次数相等。因此 $\bar{y}_{A_1B_1}$、$\bar{y}_{A_1B_2}$、$\bar{y}_{A_2B_1}$、$\bar{y}_{A_2B_2}$ 间的差异反映了因素 A 和 B 的不同搭配对试验指标的影响。由表 1-11 可见，A_2B_1 搭配使农药收率达最高。因此，应取 A_2 和 B_1 作为因素 A 和 B 的最优水平。由于 $R_{B\times C}$ 值较小，可认为是误差引起的，可忽略交互作用 $B\times C$。对于不涉及交互作用或交互作用很小的因素，例如本例中的因素 D 和 C，仍可根据 k_{j1} 和 k_{j2} 的数值，直接选取最优水平。因为收率越大越好，所以因素 D 和 C 应分别取 D_2 和 C_2 作为最优水平。最后得较优生产条件为 $A_2B_1C_2D_2$。在已做过的八次试验中，第 6 号试验条件 $A_2B_1C_2D_1$ 的收率最高，而分析预报出的较优生产条件是 $A_2B_1C_2D_2$，不包括在已做的试验中，两者不一致的仅是次要因素 D 的水平，对指标影响不显著。影响显著的交互作用 $A\times B$ 的搭配 A_2B_1 是一致的，可见上述分析是可靠的，在此正体现了正交表所具有的综合可比的优越性，好的生产条件不会漏掉。当然，还须进行验证试验，确定最优的生产条件。

必须强调，在交互作用比较显著的情况下，不考虑交互作用的不同搭配效果，将导致分析错误。如在本例中仅根据因素单独作用选定的较优生产条件为 $A_1B_1C_2D_2$，即为第 2 号试验，收率为 95%，并非最好，选定 A_1 作为最优水平是错误的，因为交互作用 $A\times B$ 不可忽略。

1.3　因素水平数不等的正交设计

前面讨论的问题都是水平数相等的多因素正交试验。在实际试验中，由于受条件的限制（如材料、温度等），有的因素不能多选水平；有些因素需要重点考察而多选几个水平，于是提出了因素水平数不等的正交试验设计问题。下面介绍两种常用的方法。

1.3.1　直接选用混合型正交表——并列法

混合型正交表可在书末附表中查出。如选用 L_8（$4^1\times2^4$）表可以安排 1 个四水平的因素和 4 个二水平的因素。L_{34}（$3^1\times4^1\times2^4$）表可以安排 1 个三水平的因素，1 个四水平的因素和 4 个二水平的因素的试验。下面通过实例来加以说明。

例 1-3　为降低玉米收获机的收获损失率，对摘穗装置进行改进试验。

试验指标：玉米损失率（%）

本试验希望重点考察不同摘辊转速对玉米损失率的影响，所以取 4 个水平。摘辊角度和喂入速度均取 2 个水平，试验因素水平见表 1-12。

表 1-12　玉米摘穗装置试验因素水平

水平＼因素	A 摘辊速度（r/min）	B 摘辊角度（°）	C 喂入速度（m/s）
1	A_1（700）	B_1（40）	B_1（1.6）
2	A_2（650）	B_2（35）	B_2（1.8）
3	A_3（600）		
4	A_4（750）		

这是个含有 1 个四水平因素和 2 个二水平因素的试验问题，可选用 L_8（4^1×2^4）混合型正交表安排试验。因素 A 有 4 个水平，只能安排在正交表的第 1 列。由于本例不考虑交互作用，所以因素 B、C 可随便安排在其他任意列上。为此，表头设计可并入试验方案及结果分析表 1-13 中。

表 1-13　玉米摘辊装置试验方案与结果分析

水平＼因素	A（r/min） 摘辊转速 （1）	B（°） 摘辊倾角 （2）	C（m/s） 喂入速度 （3）	（4）	（5）	指标 y_i 损失率 （%）
1	1（700）	1（40）	1（1.6）	1	1	0.14
2	1	2（35）	2（1.8）	2	2	0.17
3	2（650）	1	1	2	2	0.25
4	2	2	2	1	1	0.31
5	3（600）	1	2	1	2	0.41
6	3	2	1	2	1	0.34
7	4（750）	1	2	2	1	0.11
8	4	2	1	1	2	0.08
K_{j1}	0.31	0.91	0.81	0.94	0.9	$\sum_{i=1}^{8} y_i = 1.81$
K_{j2}	0.56	0.90	1.00	0.87	0.91	
K_{j3}	0.75	—	—	—	—	
K_{j4}	0.19	—	—	—	—	
k_{j1}	0.155	0.228	0.202	0.235	0.228	分析因素 主次顺序 A、C、B
k_{j2}	0.280	0.225	0.250	0.217	0.225	
k_{j3}	0.375	—	—	—	—	
k_{j4}	0.095	—	—	—	—	
R_j	0.280	0.003	0.048	0.018	0.003	
较优水平	A_4	B_2	C_1			

试验按试验方案严格进行，将试验结果填在试验指标格内。

分析试验结果注意事项：

第 1 列的 A 因素取 4 个水平，每个水平有两个试验结果。K_{A1}、K_{A2}、K_{A3}、

K_{A4}均为对应的两个指标 y_i 值之和。所以 $k_{A1}=\frac{1}{2}K_{A1}$，$k_{A2}=\frac{1}{2}K_{A2}$，$k_{A3}=\frac{1}{2}K_{A31}$，$k_{A4}=\frac{1}{2}K_{A4}$。其余 B、C 因素均取 2 个水平，每个水平有 4 个试验结果。K_{B1}、K_{B2}、K_{B3}、K_{B4}均为对应的 4 个指标 y_i 值之和。所以 $k_{B1}=\frac{1}{4}K_{B1}$，$k_{B2}=\frac{1}{4}K_{B2}$，$k_{C1}=\frac{1}{4}K_{C1}$，$k_{C2}=\frac{1}{4}K_{C2}$。

由于各试验因素的水平数不相等，根据极差 R 值的大小来分析因素的主次作用时，应注意各因素分析所得的极差 R 值的作用不一样。所以，不能只凭极差 R 的大小来分析（最好用方差分析法），还要结合生产实践经验和专业知识来综合考虑。

该例用极差分析综合考虑较优生产条件是 $A_4B_2C_1$，恰好是第 8 号试验，从指标上看确实是损失率最小。

1.3.2　拟水平法

在实际中，往往有个别因素受条件的限制，不能取多个水平，而其他因素均取相等的多个水平，当选用混合型正交表将要做较多次或者找不到合适的混合型正交表，可以用拟水平法。下面用实例加以说明。

例 1-4　东方红—75 拖拉机与 1LD4-35 悬挂犁机组配套最大耕深试验研究。

试验指标：最大耕深（cm）。

由于犁铧只有锐、钝 2 种状态，所以犁铧因素只取 2 个水平，其他因素都取 3 个水平。试验因素和水平见表 1-14。

表 1-14　东方红—75 拖拉机悬挂机组试验因素

水平＼因素	A 犁铧状态	B 悬挂点高度（mm）	C 立柱加悬挂点高（mm）
1	锐铧	500	1 565
2	钝铧	575	1 492
3		650	1 419

该试验有 1 个二水平因素、2 个三水平因素，可选用 L_{18}（$2^1\times3^7$）混合型正交表，需要进行 18 次试验。对于拖拉机田间试验，自然条件干扰因素较多，应尽量减少试验次数，缩短试验周期，以利于提高试验精度和效率。如果因素 A 也是 3 个水平，本试验就是等水平因素的正交设计问题，可选用 L_9（3^4）正交表，试验次数可减少一半（9 次）。于是，我们把因素 A 中要重点考察的一水平

锐铧重复一次，A 因素的第三个水平。这是个虚拟出来的水平，称为拟水平。

应用 L_9（3^4）正交表安排的方案与结果分析见表 1-15。

表 1-15　东方红—75 悬挂机组试验方案与结果分析

因素 / 水平	A 摘辊转速 (1)	B（mm）悬挂点高度 (2)	C（mm）立柱高+悬挂点高 (3)	(4)	指标 y_i 最大耕深（cm）
1	1（锐）	1（500）	1（1 565）	1	28.4
2	1	2（575）	2（1 492）	2	30.0
3	1	3（650）	3（1 419）	3	31.9
4	2	1	2	3	24.4
5	2（钝）	2	3	1	28.1
6	2	3	1	2	27.5
7	3（锐）	1	3	2	28.4
8	3	2	1	3	26.0
9	3	3	2	1	31.6
K_{j1}	176.3	81.2	81.9	88.1	$\sum_{i=1}^{9} y_i = 256.3$
K_{j2}	80.0	84.1	86.0	85.9	
K_{j3}	—	91.0	88.4	82.3	
k_{j1}	29.4	25.1	25.3	29.4	
k_{j2}	26.7	28.0	28.0	28.6	
k_{j3}	—	30.3	29.5	25.4	
R_j	2.7	3.2	2.2	2.0	

拟水平法应用等水平正交表进行试验设计，所以设计步骤与等水平的一般设计基本相同。但是，在计算分析试验结果时要注意：

（1）对于拟水平列的 A 因素，A_1、A_3 水平是相同的，A_1 水平（锐铧）实际做了 6 次试验。所以，K_{A1} 应为 6 个试验指标之和。即：

$$K_{A1} = y_1 + y_2 + y_3 + y_7 + y_8 + y_9 = 176.3$$

$$k_{A1} = \frac{1}{6}K_{A1} = \frac{176.3}{6} \approx 29.4$$

而 A_2 水平的 y_{A2} 仍是三个试验指标值之和。即：

$$K_{A2} = y_4 + y_5 + y_6 = 80.0$$

$$k_{A2} = \frac{1}{3}K_{A2} = 26.7$$

（2）拟水平法对于拟水平的各列，各水平具有不同的相应试验号个数，实际上各因素之间水平数仍不相等，因此根据极差的大小只能粗略地估计各因素的主次。可以用方差分析方法更准确地判断因素的主次顺序，在方差分析章节中将专门讨论。本例采用极差分析法得出的较优组合是 $B_3A_1C_3$，恰好是已做过的第 3 号试验，实测结果最好（用方差分析试验的数据时，结论是试验误差太大）。有条件应展望进一步试验方向，做第二轮试验并确定最优组合。

1.4 多指标试验的分析

在实际工作中，试验的效果、结构、参数的确定，经常是由多个指标来衡量的。例如，一次试验要同时考虑产品的性能、产量、成本等。这种试验称为多指标试验。由于每个因素水平对各项指标的影响往往是不同的，有时使某项指标好了，却使另一项指标差了。因此，在多指标试验的分析中，必须根据试验结果，生产实践及各种条件兼顾平衡各项指标的得失，选出使各项指标都尽可能好的较优组合。下面介绍两种常用的方法。

1.4.1 综合平衡法

在多指标试验分析时，先逐一按单指标试验分析出各项较优组合，然后根据因素主次，水平优劣和各项指标的重要性、实践经验等进行综合平衡，选出整个的较优组合，这种方法称为综合平衡法。

例 1-5 探索水田收获机械行走机构及整机参数的合理选择，从而提高行走机构的通过性能。

确定试验指标：衡量行走机构通过性能的指标有 3 个，分别是滚动阻力、滑转率和下陷深度，各试验指标的数值越小越好。选定影响试验指标的因素和水平如表1-16。

表 1-16 水田收获机械的因素水平

水平＼因素	A 接地压力（0.1MPa）	B 履带板型式	C 重心位置
1	0.18	无间隔式	履带接地长度中心
2	0.21	间隔大式	中心前 120mm
3	0.23	间隔小式	中心后 120mm

本试验不考虑交互作用，是一项 3 个三水平因素的试验，可选 $L_9(3^4)$ 正交表。试验方案和试验结果分析见表1-17，以 $(y_i)_K$表示第 i 号试验第 K 项指标的试验结果。

表 1-17　水田收获机械试验方案和试验结果分析

试验号＼因素		A 接地压力 (1)	B 履带板型式 (2)	(3)	C 重心位置 (4)	试验指标 滑动阻力 (kN) $(y_i)_1$	滑转率 (%) $(y_i)_2$	下陷深度 (mm) $(y_i)_3$
1		1	1	1	1	5.74	1.6	7.7
2		1	2	2	2	6.94	5.6	10.4
3		1	3	3	3	6.40	4.7	10.8
4		2	1	2	3	7.56	7.7	10.9
5		2	2	3	1	7.12	7.3	14.4
6		2	3	1	2	5.77	2.1	12.7
7		3	1	3	2	7.16	7.3	10.7
8		3	2	1	3	8.41	8.4	15.0
9		3	3	2	1	6.21	5.7	11.4
滑动阻力	$(\bar{y}_{j1})_1$	6.36	6.82	6.64	6.36	$\sum_{i=1}^{9}(y_i)_1=61.31$	$\sum_{i=1}^{9}(y_i)_2=50.4$	$\sum_{i=1}^{9}(y_i)_3=104.0$
	$(\bar{y}_{j2})_1$	6.82	7.49	6.90	6.62			
	$(\bar{y}_{j3})_1$	7.26	6.13	6.90	7.46			
	$(R_j)_1$	0.90	1.36	0.26	1.10			
滑转率	$(\bar{y}_{j1})_2$	3.97	5.50	4.03	4.87			
	$(\bar{y}_{j2})_2$	5.70	7.13	6.33	5.00			
	$(\bar{y}_{j3})_2$	7.13	4.17	6.43	6.93			
	$(R_j)_2$	3.16	2.96	2.40	2.06			
下陷深度	$(\bar{y}_{j1})_3$	9.63	9.77	11.77	11.17			
	$(\bar{y}_{j2})_3$	12.67	13.27	10.90	11.27			
	$(\bar{y}_{j3})_3$	12.37	11.63	12.00	12.23			
	$(R_j)_3$	3.04	3.50	1.10	1.06			

按试验结果分析表 1-17 中的极差 $(R_j)_K$（$j=1，2，3，4$；$K=1，2，3$）的大小，排出对应于第 K 项指标的因素主次顺序。选取 $(R_j)_K$ 中数值最小者所对应的水平，作为第 j 到第 K 项指标的最优水平，见表 1-18。

表 1-18　因素的主次顺序与最优水平

试验指标	因素的主次顺序	最优水平
滑动阻力	B、C、A	$B_3\ C_1\ A_1$
滑转率	A、B、C	$A_1\ B_3\ C_1$
下陷深度	B、A、C	$B_1\ A_1\ C_1$

对各项指标进行综合平衡时，首先考虑哪些因素水平对重要指标起主要影响，其次考虑哪些因素水平在各项指标独立选出的较优组合中出现的次数较多。

该例总的因素主次顺序为 BAC。考虑到影响通过性能的重要性顺序的三项指标为滚动阻力、滑转率和下陷深度，所以选 B_3 作为最优水平。而 A_1、C_1 在每项指标较优组合中共有，因此最后选定整个试验的较优组合为：$B_3A_1C_1$。当然还要进一步作校核试验，以确定最优组合。

1.4.2　综合加权评分法

这种方法先要评估各项试验指标在整个试验中的重要性，确定各项试验指标所占重要性比例的系数，统称为权值。然后根据各项试验指标的权和试验指标实测值，计算出综合加权评分值—将多指标化为单指标，最后按单指标分析方法，分析出总的结果。

例 1-6　以表 1-17 水田收获机械试验来说明综合加权评分法的分析步骤：

（1）确定各项试验指标的权：

总权为 100%，即
$$\sum_{k=1}^{k} W_K = 1$$

W_K 表示各项试验指标的权，其中 K 表示第 K 个试验指标。

滚动阻力的权 $W_1 = 0.50$ 分，表示滚动阻力的大小对行走机构性能各项指标的重要性为 50%。

滑转率的权　　$W_2 = 0.30$

下陷深度的权　$W_3 = 0.20$

W_K 的确定是综合加权评分法的关键，必须依据丰富的实践经验和专业知识，通过尝试和调整最后确定出尽可能恰当的 W_K 值。本例要求都是指标越小越好，则三个 W_i 同号，如果另有一项指标是行进速度，要求越高越好，则其 W_i 值应取相反的符号。

（2）计算各项试验指标观测值的评分值 $(y_i)_K$：

$$(y_i)'_K = \frac{100}{R_K}[(y_i)_K - (y_m)_K] = \frac{100}{(y_M)_K - (y_m)_K}[(y_i)_K - (y_m)_K]$$

式中　R_K——各项试验指标的极差，下标 K 表示第 K 项；

$(y_M)_K$——第 K 项试验指标中的最大值；

$(y_m)_K$——第 K 项试验指标中的最小值；

$(y_i)_K$——第 i 号试验第 K 项试验指标观测值。

由于各项试验指标单位不同，观测值数量级也不同，不利于综合加权评分，所以要变换试验指标观测值 $(y_i)_K$ 为无量纲参数 $(y_i)_K'$ 并在平等数量级条件下计算综合加权评分值。

（3）计算综合加权评分值 y_i^* ：

$$y_i^* = \sum_{K=1}^{K} W_K \left(y_i\right)'_K$$

$$y_1^* = \frac{0.50 \times 100}{(8.41 - 5.74)} \times (5.74 - 5.74) + \frac{0.30 \times 100}{(8.4 - 1.6)} \times (1.6 - 1.6)$$

$$+ \frac{0.20 \times 100}{(1.50 - 7.7)} \times (7.7 - 7.7) = 0$$

$$y_2^* = \frac{0.50 \times 100}{2.67} \times (6.94 - 5.74) + \frac{0.30 \times 100}{6.8} \times (5.6 - 1.6)$$

$$+ \frac{0.20 \times 100}{7.3} \times (10.4 - 7.7) = 47.52$$

同理，可算出：$y_3^* = 34.52, y_4^* = 69.76, y_6^* = 16.46, y_7^* = 59.96, y_8^* = 100.00,$ $y_9^* = 37.02$。

（4）由表 1-19 按单指标试验分析出试验的较优组合为 $B_3A_1C_1$，这与综合平衡法所得结论完全相同。

综合加权评分法便于对多项试验指标进行综合性选优，其关键取决于各权值的确定合理与否。但该法不能分析出各因素对某项试验指标具体的影响，而综合平衡法可以较充分地分析出各因素对各项具体因素的影响。因此，当需要分析了解单项试验指标及其趋势时，应将综合加权评分法与综合平衡法相互结合运用。

表 1-19　水田收获机械试验结果分析

因素 / 试验号	A 接地压力 (1)	B 履带板型式 (2)	(3)	C 重心位置 (4)	试验指标 滑动阻力 (KN) $(y_i)_1$	滑转率 (%) $(y_i)_2$	下陷深度 (mm) $(y_i)_3$	综合评分 y_i^*
1	1	1	1	1	5.74	1.6	7.7	0
2	1	2	2	2	6.94	5.6	10.4	45.52
3	1	3	3	3	6.40	4.7	10.8	34.52
4	2	1	2	3	5.56	7.7	10.9	69.76
5	2	2	3	1	5.12	5.3	14.4	69.35
6	2	3	1	2	5.77	2.1	12.7	16.46
7	3	1	3	2	5.16	5.3	10.7	59.96
8	3	2	1	3	8.41	8.4	15.0	100.00
9	3	3	2	1	6.21	5.7	11.4	37.02
$\overline{y_{j1}}^*$	25.35	43.24	38.82	35.46	$R_1 = 2.67$　$R_2 = 6.3$　$R_3 = 5.3$			
$\overline{y_{j2}}^*$	51.86	72.29	51.43	41.31				
$\overline{y_{j3}}^*$	65.66	29.33	54.61	68.09				
R_j	38.31	42.96	15.79	32.63				

1.5　实例分析

例 1–7　某炼铁厂为了提高铁水的温度，需要通过试验选择最好的生产方案，经初步分析，主要有 3 个因素影响铁水温度，它们是焦比、风压和底焦高度，每个因素都考虑 3 个水平，试验因素和水平如表 1–20。问对这 3 个因素的 3 个水平如何安排，才能获得最高的铁水温度？

表 1–20　因素水平和水平

因素 水平	*A* 焦比	*B* 风压/133Pa	*C* 底焦高度/m
1	1：16	170	1.2
2	1：18	230	1.5
3	1：14	200	1.3

在这个问题中，人们关心的是铁水的温度，称它为试验指标。如何选择各因素的水平才能获得最高的铁水温度，这只有通过试验才能解决。这里有 3 个因素，每个因素有 3 个水平，是一个三因素三水平的问题。如果每个因素的每个水平都互相搭配着进行全面试验，必须做试验 $3^3=27$ 次，我们把所有可能的搭配试验编号写出，列在表 1–21。

表 1–21　搭配试验编号

序号	*A*	*B*	*C*	序号	*A*	*B*	*C*
1	1	1	1	15	2	2	3
2	1	1	2	16	2	3	1
3	1	1	3	17	2	3	2
4	1	2	1	18	2	3	3
5	1	2	2	19	3	1	1
6	1	2	3	20	3	1	2
7	1	3	1	21	3	1	3
8	1	3	2	22	3	2	1
9	1	3	3	23	3	2	2
10	2	1	1	24	3	2	3
11	2	1	2	25	3	3	1
12	2	1	3	26	3	3	2
13	2	2	1	27	3	3	3
14	2	2	2				

进行 27 次试验要花很多时间，耗费很多的人力、物力，我们希望减少试验次数，但又不影响试验的效果，因此，不能随便的减少试验，应当把有代表性的搭配保留下来，为此我们按 $L_9(3^4)$ 正交表前三列的情况从 27 个试验中选出 9 个，他们的序号分别为 1、5、9、11、15、16、21、22、26，将这 9 个试验按新的编号 1~9 写出来，正好是正交表的前三列，见表 1-22。

表 1-22　正交表

编号＼因素	A	B	C
1	1	1	1
2	1	2	2
3	1	3	3
4	2	1	2
5	2	2	3
6	2	3	1
7	3	1	3
8	3	2	1
9	3	3	2

为便于分析计算，把温度值列入表 1-23 中便于对试验结果进行分析计算。由于铁水温度数值较大，可把每一个铁水温度的值都减去 1 350，得到 9 个较小的数，这样使计算简便。对这组新数据进行分析，与对原数据进行分析效果是相同的。

表 1-23　试验结果分析

试验＼因素	1A	2B	3C	铁水温度（℃）	铁水温度值减去 1350（℃）
1	1	1	1	1 365	15
2	1	2	2	1 395	45
3	1	3	3	1 385	35
4	2	1	2	1 390	40
5	2	2	3	1 395	45
6	2	3	1	1 380	30
7	3	1	3	1 390	40
8	3	2	1	1 390	40
9	3	3	2	1 410	60

（续表）

因素 试验	1 A	2 B	3 C	铁水温度（℃）	铁水温度值减去 1 350（℃）
K_1	95	95	85		
K_2	115	130	145		
K_3	140	125	120		
$k_1(=\frac{K_1}{3})$	31.7	31.7	28.3		
$k_2(=\frac{K_2}{3})$	38.3	43.3	48.3		
$k_3(=\frac{K_3}{3})$	46.7	41.7	40.0		
极差	15.0	11.6	20.0		
优方案	A_3	B_2	C_2		

表 1-23 中下面的 8 行是分析计算过程中需要分析的内容。

K_1这一行的 3 个数，分别是因素 A、B、C 的第一水平所在的试验中对应的铁水温度（减去 1350 以后）之和，比如对因素 A（第 1 列），它的第一水平安排在第 1、2、3 号试验中，对应的铁水温度（减去 1350 以后）分别为 15、45、35，其和为 95，记在 K_1这一行第 1 列中；对因素 B（第 2 列），它的第一水平安排在第 1、4、7 号试验中，对应的铁水温度（减去 1350 以后）分别为 15、40、40，其和为 95，记在 K_1这一行第 2 列中，对因素 C（第 3 列），它的第一水平安排在第 1、6、8 号试验中，对应的铁水温度（减去 1350 以后）分别为 15、30、40，其和为 85，记在 K_1这一行第 3 列中。类似的，K_2这一行的 3 个数，分别是 A、B、C 因素的第二水平所在试验中对应的铁水温度（减去 1350 以后）之和；K_3这一行的 3 个数，分别是 A、B、C 因素的第三水平所在试验中对应的铁水温度（减去 1350 以后）之和。

k_1、k_2、k_3这 3 行的 3 个数，分别是 K_1、K_2、K_3这 3 行的 3 个数除以 3 所得的结果，也就是各水平所对应的平均值。

同一列中，k_1、k_2、k_3这 3 个数中的最大者减去最小者所得的差叫作极差。一般地说，各列的极差是不同的，这说明各因素的水平改变时对试验指标的影响是不同的。极差越大，说明这个因素的水平改变时对试验指标的影响越大。极差最大的那一列，则那个因素的水平改变时对试验指标的影响就最大，那个因素就是我们要考虑的主要因素。

这里算出 3 列的极差分别为 15.0、11.6、20.0，显然第 3 列即因素 C 的极差 20.0 最大。这说明因素 C 的水平改变时对试验指标的影响最大，因此因素 C

是我们要考虑的主要因素。它的3个水平所对应的铁水温度（减去1 350以后）平均值分别为28.3、48.3、40.0，第二水平所对应的数值48.3最大，所以取它的第二水平最好。第1列即因素A的极差为15.0，仅次于因素C，它的3个水平所对应的数值分别为31.7、38.3、46.7，第三水平所对应的数值46.7最大，所以取它的第三水平最好。第2列即因素B的极差为11.6，是3个因素中极差最小的，说明它的水平改变时对试验指标的影响最小，它的3个水平所对应的数值分别为31.7、43.3、41.7，第二水平所对应的数值43.3最大，所以取它的第二水平最好。

从以上分析可以得出结论：各因素对试验指标（铁水温度）的影响按大小次序来说应当是C（底焦高度）A（焦比）B（风压）；最好的方案应当是$C_2A_3B_2$，即

C_2：底焦高度，第二水平，1.5；

A_3：焦比，第三水平，1∶14；

B_2：风压，第二水平，230。

可以看出，这里分析出来的最好方案在已经做过的9次试验中没有出现，与它比较接近的是第9号试验。在第9号试验中只有风压B不是处在最好水平，而且风压对铁水温度的影响是3个因素中最小的。从实际做出的结果看出，第9号试验中的铁水温度是1 410 ℃，是9次试验中最高的，这也说明我们找出的最好方案是符合实际的。

为了最终确定上面找出的试验方案$C_2A_3B_2$是否为最好方案，可以按这个方案再试验一次，看是否会得出比第9号试验更好的结果。若比第9号试验的效果好，就确定上述方案为最好方案，若不比第9号试验的效果好，可以取第9号试验为最好方案。如果出现后一种情况，说明我们的理论分析与实践有一些差距，最终还是要接受实践的检验。

现将利用正交表安排试验并分析试验结果的步骤归纳如下。

（1）明确试验目的，确定要考核的试验指标。

（2）根据试验目的，确定要考察的因素和各因素的水平。要通过对实际问题的具体分析选出主要因素，略去次要因素，这样可使因素个数少些。如果对问题不太了解，因素个数可适当地多取一些，经过对试验结果的初步分析，再选出主要因素。因素被确定后，随之确定各因素的水平数。

以上两条主要靠实践来决定，不是数学方法所能决定的。

（3）选用合适的正交表，安排试验计划。首先根据各因素的水平选择相应水平的正交表，同水平的正交表有好几个，究竟选哪一个要看因素的个数，一般只要正交表中因素的个数比试验要考察的因素的个数稍大或相等就行了。这样既

能保证达到试验目的，又使试验次数不至于太多，省工省时。

（4）根据安排的计划进行试验，确定各试验指标。

（5）对试验结果进行计算分析，得到试验结果。

上述方法一般称直观分析法，这种方法比较简单，计算量不大，是一种很实用的分析方法。

最后再说明一点，这种方法的主要工具是正交表，而在因素及其水平都在确定的情况下，正交表并不是唯一的。常见的正交表列在本书末的附表中。

1.6　思考题

扬州轴承厂为了提高轴承圈退火的质量，制定因素水平表如下：

水平＼因素	上升温度 A	保温时间 B	出炉温度 C
1	800℃	6 小时	400℃
2	820℃	8 小时	500℃

选用 $L_4(2^3)$ 正交表，各因素按次序安排在正交表的各列上，试验得到的结果如下：

试验号	1	2	3	4
结果（硬度合格率）	100	45	85	75

1. 通过选用的正交表，排出各号试验条件，并把试验结果按试验号填写到正交表条件的右边。

2. 通过表格化的计算，找出因素间的较好配合，并确定因素的主次顺序。

2　试验数据的结构

2.1　试验数据的结构式

实践和理论证明，任何试验都是随机试验。随机试验结果 y 所取得的一系列数据（观测值）y_1，y_2，…，y_n，彼此之间总是有差异，有波动的。即使在同一条件下重复多次试验所得结果也不会完全一样。但是，波动是有规律的，总是在一定范围内，围绕某一中心值波动，靠近中心值的比较多，远离中心值的比较少。试验数据之间的波动大小，在试验之前是无法估计的。也就是说，试验结果在试验之前无法知道它的取值大小，它是一个随机变数。

尽管影响试验结果的原因很多，且其取值是随机的，但从理论上来讲，各个可控制的因素分别固定于某一水平时，它们对试验结果的影响是固定的，常用 m 表示，m 是在某一试验条件下，试验结果应有的理论值（或客观真值）。而其他不可控制的因素对试验结果的影响，可概括为一项误差，常用 ε 表示，是试验数据相对于理论值的波动量。这样任何一个试验结果都可表示为理论值加上误差：

$$y = m + \varepsilon \tag{2-1}$$

式中m 是常数，表示可控制因素对指标影响的总和，即为某一试验条件下指标应有的理论值；

ε 是随机误差。

式（2-1）称为试验数据最简的结构式。

试验数据最简的结构式 $y=m+\varepsilon$，把因素水平对试验指标的影响和随机误差对试验指标的影响分开来。但该结构式还不能说明各因素水平对试验指标影响的程度。因为 m 是各因素水平对试验指标影响的总和。要了解各因素水平对试验指标影响的程度，就要对各因素水平对试验指标影响的总和 m 作进一步的分解。下面分几种情况来说明。

2.1.1　单因素重复试验的数据结构式

例 2-1　为寻找高产油菜品种，选了五种不同的油菜品种进行试验，每一品种在四块试验田上种植，得到试验结果如表 2-1 所示。

表 2-1 5 种油菜的试验结果

试验\因素	A_1	A_2	A_3	A_4	A_5
1	$y_{11}=256$	$y_{21}=244$	$y_{31}=250$	$y_{41}=288$	$y_{51}=206$
2	$y_{12}=222$	$y_{22}=300$	$y_{32}=277$	$y_{42}=280$	$y_{52}=212$
3	$y_{13}=280$	$y_{23}=290$	$y_{33}=230$	$y_{43}=315$	$y_{53}=220$
4	$y_{14}=298$	$y_{24}=275$	$y_{34}=322$	$y_{44}=259$	$y_{54}=212$

表中试验结果 y_{ij} 表示第 i 种油菜品种在第 j 块试验田上种植的亩产量。显然，y_{ij} 是一个随机变量，它可以分解为

$$y_{ij} = m_i + \varepsilon_{ij} \begin{pmatrix} i = 1, 2, \cdots, n \\ j = 1, 2, \cdots, k \end{pmatrix} \tag{2-2}$$

式中 m_i——第 i 种油菜应有的亩产量；

ε_{ij}——由于种种原因引起的随机误差；

n——水平数（即品种数，这里 $n=5$）；

k——每个品种（即水平）重复试验次数，这里 $k=4$。这是一个单因素五水平，每个水平都重复四次的试验。

为了进一步讨论，我们引入一般平均和水平效应的概念。称

$$\mu = \frac{1}{m}\sum_{i=1}^{n} m_i \ (i=1, 2, \cdots, n) \tag{2-3}$$

为一般平均。它可以理解为该因素取一个“中等”水平或平均水平对试验结果影响的理论值。

$$a_i = m_i - \mu \ (i=1, 2, \cdots, n) \tag{2-4}$$

a_i 称为因素的第 i 个水平的效应。它表示该因素在第 i 个水平下试验结果究竟比“中等”水平下的试验结果多多少或少多少的一个量。于是我们就可以把式（2-2）的数据结构式改写成：

$$y_{ij} = \mu + a_i + \varepsilon_{ij} \begin{pmatrix} i = 1, 2, \cdots, n \\ j = 1, 2, \cdots, k \end{pmatrix} \tag{2-5}$$

此式就称为单因素重复试验的数据结构式。a_i 满足关系式：

$$\sum_{i=1}^{n} a_i = 0 \tag{2-6}$$

2.1.2 双因素试验的数据结构式

现以双因素二水平采用 L_4（2^3）正交表安排试验为例，说明双因素试验的数据结构式，其表头设计和试验结果如表 2-2 所示。

表 2-2　L_4（2^3）双因素试验方案

试验号＼列号	1 A	2 B	3	试验结果 y_i
1	1	1	1	y_1
2	1	2	2	y_2
3	2	1	2	y_3
4	2	2	1	y_4

试验数据的最简结构式为：

$$y_1 = m_{11} + \varepsilon_1$$

$$y_2 = m_{12} + \varepsilon_2$$

$$y_3 = m_{21} + \varepsilon_3$$

$$y_4 = m_{22} + \varepsilon_4$$

其 m_{ij}表示在 A 因素取 i 水平、B 因素取 j 水平条件下，试验结果应有的理论值；ε_1、ε_2、ε_3、ε_4分别表示 1~4 号试验的随机误差。为进一步分解 m_{ij}，与单因素数据结构式分析中类似，引入双因素试验的一般平均和的概念。

一般平均为

$$\mu = \frac{1}{KL}\sum_{i=1}^{L}\sum_{j=1}^{K} m_{ij} \tag{2-7}$$

式中　K——A 因素的水平数；

L——B 因素的水平数。

μ 可理解为 A、B 因素都取“中等水平或平均水平”时，试验结果应有的理论值。

如果设

$$m_{i\cdot} = \frac{1}{L}\sum_{j=1}^{L} m_{ij}\ (i=1,\ 2,\ \cdots,\ K)$$

$$m_{\cdot j} = \frac{1}{K}\sum_{i=1}^{K} m_{ij}\ (j=1,\ 2,\ \cdots,\ L)$$

$m_{i\cdot}$、$m_{\cdot j}$分别表示因素 A 取 i 水平时试验结果应有的理论值和因素 B 取 j 水平时试验结果应有的理论值，则称

$$a_i = m_{i\cdot} - \mu\ (i=1,\ 2,\ \cdots,\ K) \tag{2-8}$$

$$b_j = m_{\cdot j} - \mu\ (j=1,\ 2,\ \cdots,\ L) \tag{2-9}$$

分别为 A 因素取 i 水平时的水平效应和 B 因素取 j 水平时的水平效应。a_i和 b_j分别满足下关系式：

$$\left.\begin{aligned}\sum_{i=1}^{K} a_i &= 0 \\ \sum_{j=1}^{L} b_j &= 0\end{aligned}\right\} \tag{2-10}$$

于是，我们就可以写出双因素试验的试验数据结构式，它分两种情况：

（1）无交互作用的双因素试验

在这种情况下，A 因素和 B 因素对试验数据的影响是由它们的水平效应“迭加”而成，即 $m_{ij}=\mu+a_i+b_j$ 对一切 $i=1$，2，…，K；j=1，2，…，L 都成立。这时，试验数据的结构式可写成（对 L_4（2^3）而言）

$$\begin{aligned}y_1 &= \mu + a_1 + b_1 + \varepsilon_1 \\ y_2 &= \mu + a_1 + b_2 + \varepsilon_2 \\ y_3 &= \mu + a_2 + b_1 + \varepsilon_3 \\ y_4 &= \mu + a_2 + b_2 + \varepsilon_4\end{aligned}$$

（2）有交互作用的双因素试验

由于有交互作用，A 因素和 B 因素对试验数据的影响就不只是它们各自效应的单纯“迭加”即 $m_{ij}\neq\mu+a_i+b_j$，还必须考虑 A、B 这两个因素的交互作用对试验数据的影响。

将

$$\begin{aligned}(ab)_{ij} &= m_{ij} - (\mu + a_i + b_j) \\ &= m_{ij} - \mu - a_i - b_j\end{aligned} \quad \begin{pmatrix} i = 1, 2, \cdots, K \\ j = 1, 2, \cdots, L \end{pmatrix} \tag{2-11}$$

称作因素 A 取 i 水平和因素 B 取 j 水平时的交互效应。

因此

$$m_{ij}=\mu+a_i+b_j+(ab)_{ij}$$

对 $(ab)_{ij}$ 即水平也有关系式：

$$\sum_{i=1}^{K}(ab)_{ij} = \sum_{i=1}^{K}(m_{ij} - \mu - a_i - b_j) = 0$$

$$\sum_{j=1}^{L}(ab)_{ij} = \sum_{j=1}^{L}(m_{ij} - \mu - a_i - b_j) = 0$$

于是，有交互作用的双因素试验的试验数据的结构式（对 L_4（2^3）而言）可写成

$$\begin{aligned}y_1 &= \mu + a_1 + b_1 + (ab)_{11} + \varepsilon_1 \\ y_2 &= \mu + a_1 + b_2 + (ab)_{12} + \varepsilon_2 \\ y_3 &= \mu + a_2 + b_1 + (ab)_{21} + \varepsilon_3 \\ y_4 &= \mu + a_2 + b_2 + (ab)_{22} + \varepsilon_4\end{aligned}$$

类似双因素试验数据结构式的分解方法，同样可以写出多因素试验的试验数据的结构式，如有一级交互作用的三因素（A，B，C）二水平试验，其试验数据的结构式可写成

$$y = \mu + a_i + b_j + c_t + (ab)_{ij} + (ac)_{it} + (bc)_{jt} + \varepsilon \tag{2-12}$$

2.2 用数据结构式说明几个问题

2.2.1 说明正交设计极差分析的利弊

用试验数据的结构式可以进一步认识正交试验设计极差分析法的利弊。譬如用 $L_4(2^3)$ 安排双因素二水平无交互作用的试验来说，其试验数据的结构式为

$$y_t = \mu + a_i + b_j + \varepsilon_t$$

式中　t——试验号数，即 $t=1, 2, 3, 4$；

　　　i——A 因素的 i 水平，$i=1, 2$；

　　　j——B 因素的 j 水平，$j=1, 2$。

由此结构式可以推出安排因素列极差的物理含义式。如排 A 因素的第 1 列的极差为：

$$\begin{aligned} R &= k_1 + k_2 \\ &= (y_1 + y_2) - (y_3 + y_4) \\ &= [(\mu + a_1 + b_1 + \varepsilon_1) + (\mu + a_1 + b_2 + \varepsilon_2)] \\ &\quad - [(\mu + a_2 + b_1 + \varepsilon_3) + (\mu + a_2 + b_2 + \varepsilon_4)] \\ &= 2(a_1 + a_2) + (\varepsilon_1 + \varepsilon_3) - (\varepsilon_2 + \varepsilon_4) \end{aligned}$$

由此推导结果可以看出，A 因素的极差 R 只与 A 因素的水平效应和随机误差有关，而与其他因素无关。这说明该列的 R 值只反映 A 因素和随机误差对试验指标的影响。如果 B 因素排在第 2 列，同样推导可以得出第 2 列的极差 R 只与 B 因素的水平效应和随机误差有关，而与其他因素无关。说明 B 因素的第 2 列的极差 R 值反映 B 因素和随机误差对试验指标的影响。因此可以比较各排因素列 R 值的大小来判断各因素对试验指标的影响程度，从而分清因素的主次。由于极差 R 中包含有随机误差对试验指标的影响，极差分析不能把因素水平对试验指标的影响和随机误差对试验指标的影响分开，因此极差分析的精度比较低。

2.2.2 说明正交试验设计空白列可以估计误差

正交设计中正交表上没有排因素的列叫空白列。前例用 $L_4(2^3)$ 表，在第

1、2 列分别安排 A 、B 两因素的试验中，第 3 列为空白列，其极差为 $R = (y_1 + y_4) - (y_2 + y_3)$ 。

将试验数据的结构式

$y_t = \mu + a_i + b_j + \varepsilon_t$

代入得

$$R = [(\mu + a_1 + b_1 + \varepsilon_1) + (\mu + a_2 + b_2 + \varepsilon_4)] - [(\mu + a_1 + b_2 + \varepsilon_2) + (\mu + a_2 + b_1 + \varepsilon_3)] = (\varepsilon_1 + \varepsilon_4) - (\varepsilon_2 + \varepsilon_3)$$

由此可见，空白列的极差 R 只包含随机误差对试验指标的影响，而不包含任何其他试验因素对试验指标的影响。因此空白列的极差 R 可以估计误差。

2.2.3　估计试验结果的理论值

正交试验设计是用少量的试验次数，获得试验资料后再通过统计分析，决定因素的主次，选择最优组合试验条件或最优生产条件。对所选出来的最优组合条件往往不在所直接安排的试验条件中。例如例 1-2，某农药厂为提高某种农药的收率所做的试验，试验方案和试验结果如表 2-3 所示。通过试验和统计分析选出的最优组合条件为 $A_2B_1C_2D_2$。这一组试验条件就不在表 2-3 中所安排的 8 个试验号中。那么 $A_2B_1C_2D_2$ 这一组合条件的试验结果应该是多少呢？如果不想再做试验，能否通过表 2-3 中的试验结果推测出 $A_2B_1C_2D_2$ 组合条件的理论值呢？下面我们就采用试验数据的结构式来解决这个问题。

表 2-3　某农药厂提高某农药收率的试验

表头设计	A	B	$A\times B$	C			D	试验结果 y_i
试验号＼列号	1	2	3	4	5	6	7	
1	1	1	1	1	1	1	1	86
2	1	1	1	2	2	2	2	95
3	1	2	2	1	1	2	2	91
4	1	2	2	2	2	1	1	94
5	2	1	2	1	2	1	2	91
6	2	1	2	2	1	2	1	96
7	2	2	1	1	2	2	1	83
8	2	2	1	2	1	1	2	88

这个试验是四因素二水平，且考虑 $A\times B$ 交互作用的多因素试验。参照对双

因素试验数据结构式的分析可写出试验资料 y_1，y_2，…，y_8的数据结构式：

$$y_1 = m_1 + \varepsilon_1 = \mu + a_1 + b_1 + c_1 + d_1 + (ab)_{11} + \varepsilon_1$$
$$y_2 = m_2 + \varepsilon_2 = \mu + a_1 + b_1 + c_2 + d_2 + (ab)_{11} + \varepsilon_2$$
$$y_3 = m_3 + \varepsilon_3 = \mu + a_1 + b_2 + c_1 + d_2 + (ab)_{12} + \varepsilon_3$$
$$y_4 = m_4 + \varepsilon_4 = \mu + a_1 + b_2 + c_2 + d_1 + (ab)_{12} + \varepsilon_4$$
$$y_5 = m_5 + \varepsilon_5 = \mu + a_2 + b_1 + c_1 + d_2 + (ab)_{21} + \varepsilon_5$$
$$y_6 = m_6 + \varepsilon_6 = \mu + a_2 + b_1 + c_2 + d_1 + (ab)_{21} + \varepsilon_6$$
$$y_7 = m_7 + \varepsilon_7 = \mu + a_2 + b_2 + c_1 + d_1 + (ab)_{22} + \varepsilon_7$$
$$y_8 = m_8 + \varepsilon_8 = \mu + a_2 + b_2 + c_2 + d_2 + (ab)_{22} + \varepsilon_8$$

从这组数据结构式我们看到对每号试验来讲，对应试验结果的理论值 m_t都不一样，但它们都是一般平均μ 和各因素水平效应及交互作用效应的线性和。因此只要是求得一般平均μ 与这些效应的估计值，那么 m_t的估计值也就可以得到了。设 $\hat{m}_t$ 、$\hat{a}_i$ 、$\hat{b}j$ 、$\hat{c}_k$ 、$\hat{d}_l$ 、$(\hat{ab})_{ij}$ 分别为试验结果的理论值和各水平效应及交互作用效应的估计值。我们希望估计值应尽量接近实测值，也就是说（$y_t - \hat{m}_t$）的值应尽量小。为达此目的，应使

$$Q = \sum_{t=1}^{N} (y_t - \hat{m}_t)^2 \text{（本例 } N=8\text{）}$$

达到最小。

因为各参数间有关系式

$$\sum_{i=1}^{2} a_i = 0 \text{，} \sum_{j=1}^{2} b_j = 0 \text{，} \sum_{k=1}^{2} c_k = 0 \text{，} \sum_{l=1}^{2} d_l = 0$$

$$\sum_{i=1}^{2} (ab)_{ij} = 0 \ (j=1,\ 2)$$

$$\sum_{j=1}^{2} (ab)_{ij} = 0 \ (i=1,\ 2)$$

所以它们的估计值也同样满足这些关系式，有：

$$\sum_{i=1}^{2} \hat{a}_i = 0 \text{，} \sum_{j=1}^{2} \hat{b}_j = 0 \text{，} \sum_{k=1}^{2} \hat{c}_k = 0 \text{，} \sum_{l=1}^{2} \hat{d}_l = 0$$

$$\sum_{i=1}^{2} (\hat{ab})_{ij} = 0 \ (j=1,\ 2)$$

$$\sum_{j=1}^{2} (\hat{ab})_{ij} = 0 \ (i=1,\ 2)$$

将 y_t的数据结构式代入 $Q = \sum_{t=1}^{N} (y_t - \hat{m}_t)^2$ 得：

$$
\begin{aligned}
Q = & (y_1 - \mu - \hat{a}_1 - \hat{b}_1 - \hat{c}_1 + \hat{d}_1 - (\hat{ab}_{11})^2 \\
& + (y_2 - \mu - \hat{a}_1 - \hat{b}_1 - \hat{c}_2 - \hat{d}_2 - (\hat{ab})_{11})^2 \\
& + (y_3 - \mu - \hat{a}_1 - \hat{b}_2 - \hat{c}_1 - \hat{d}_2 - (\hat{ab})_{12})^2 \\
& + (y_4 - \mu - \hat{a}_1 - \hat{b}_2 - \hat{c}_2 - \hat{d}_1 - (\hat{ab})_{12})^2 \\
& + (y_5 - \mu - \hat{a}_2 - \hat{b}_1 - \hat{c}_1 - \hat{d}_2 - (\hat{ab})_{21})^2 \\
& + (y_6 - \mu - \hat{a}_2 - \hat{b}_1 - \hat{c}_2 - \hat{d}_1 - (\hat{ab})_{21})^2 \\
& + (y_7 - \mu - \hat{a}_2 - \hat{b}_2 - \hat{c}_1 - \hat{d}_1 - (\hat{ab})_{22})^2 \\
& + (y_8 - \mu - \hat{a}_2 - \hat{b}_2 - \hat{c}_2 - \hat{d}_2 - (\hat{ab})_{22})^2
\end{aligned}
$$

将上式 Q 分别 μ，$\hat{a}_i$ ，$\hat{\mathrm{b}}_{\mathrm{j}}$ ，$\hat{c}_k$ ，$\hat{d}_l$ 对求导，并令其为零，简化整理后就可得各参数的估计值。

令 $\dfrac{\partial Q}{\partial \mu} = 0$

经整理简化后得

$$\mu = \frac{1}{N}\sum_{t=1}^{N} y_t = \bar{y}\text{（本例 }N=8\text{）} \tag{2-13}$$

同理令 $\dfrac{\partial Q}{\partial \hat{a}_i} = 0$

得

$$\hat{a}_1 = \frac{y_1 + y_2 + y_3 + y_4}{4} - \bar{y}$$

$$\hat{a}_2 = \frac{y_5 + y_6 + y_7 + y_8}{4} - \bar{y}$$

这里的 y_1，y_2，y_3，y_4 恰是 A_1 水平下的 4 个试验结果，y_5，y_6，y_7，y_8 是 A_2 水平下的 4 个试验结果。因此因素 A 取一水平时的效应估计值 $\hat{a}_1$ 为 A_1 水平下的试验结果的平均值减去所有试验结果的总平均值。因素 A 取二水平时的效应估计值 $\hat{a}_2$ 为 A_2 水平下试验结果的平均值减去所有试验结果的总平均值。也就是

$$\hat{a}_i = A_i\text{ 水平下试验结果的平均值} - \bar{y}$$

与 A 因素类似的有：

$$\hat{b}_j = B_j\text{ 水平下试验结果的平均值} - \bar{y}$$

$$\hat{c}_k = C_k\text{ 水平下试验结果的平均值} - \bar{y}$$

$$\hat{d}_l = D_l \text{ 水平下试验结果的平均值} - \bar{y}$$

$$(\hat{ab})_{ij} = A_iB_j \text{ 水平下试验结果的平均值} - \hat{a}_i - \hat{b}_j - \bar{y}$$

由此可以看出：一般平均μ可用试验数据的总平均来估计，它表示各因素均为“中等”水平时的试验数值；因素A取i水平时的效应a_i可用其i水平下的试验结果的平均值减去总平均值来估计，它表明A取i水平时的平均指标是比总平均$\bar{y}$好一些还是坏一些。其他因素也是如此。而交互作用效应$(\hat{ab})_{ij}$可用A_iB_j搭配水平下试验结果的平均值减去总平均值，再减去A_i的效应和B_j的效应的估计值来估计。

按照上述估计值的公式，可具体求得该例的各参数估计值为：

$$\mu = \bar{y} = \frac{y_1 + y_2 + y_3 + y_4 + y_5 + y_6 + y_7 + y_8}{8} = \frac{724}{8} = 90.5$$

$$\hat{a}_1 = \frac{y_1 + y_2 + y_3 + y_4}{4} - \bar{y} = \frac{366}{4} - 90.5 = 1.0$$

$$\hat{a}_2 = \frac{y_5 + y_6 + y_7 + y_8}{4} - \bar{y} = \frac{358}{4} - 90.5 = -1.0$$

$$\hat{b}_1 = \frac{y_1 + y_2 + y_5 + y_6}{4} - \bar{y} = \frac{368}{4} - 90.5 = 1.5$$

$$\hat{b}_2 = \frac{y_3 + y_4 + y_7 + y_8}{4} - \bar{y} = \frac{356}{4} - 90.5 = -1.5$$

$$\hat{c}_1 = \frac{y_1 + y_3 + y_5 + y_7}{4} - \bar{y} = \frac{351}{4} - 90.5 = -2.75$$

$$\hat{c}_2 = \frac{y_2 + y_4 + y_6 + y_8}{4} - \bar{y} = \frac{373}{4} - 90.5 = 2.75$$

$$\hat{d}_1 = \frac{y_1 + y_4 + y_6 + y_7}{4} - \bar{y} = \frac{359}{4} - 90.5 = -0.75$$

$$\hat{d}_2 = \frac{y_2 + y_3 + y_5 + y_8}{4} - \bar{y} = \frac{365}{4} - 90.5 = 0.75$$

$$(\hat{ab})_{11} = \frac{y_1 + y_2}{2} - \bar{y} - \hat{a}_1 - \hat{b}_1 = \frac{181}{2} - 90.5 - 1 - 1.5 = -2.5$$

$$(\hat{ab})_{12} = \frac{y_3 + y_4}{2} - \bar{y} - \hat{a}_1 - \hat{b}_2 = \frac{185}{2} - 90.5 + 1.5 - 1 = 2.5$$

$$(\hat{ab})_{21} = \frac{y_5 + y_6}{2} - \bar{y} - \hat{a}_2 - \hat{b}_1 = \frac{187}{2} - 90.5 + 1 - 1.5 = 2.5$$

$$(\hat{ab})_{22} = \frac{y_7 + y_8}{2} - \bar{y} - \hat{a}_2 - \hat{b}_2 = \frac{171}{2} - 90.5 + 1 + 1.5 = -2.5$$

利用以上估计值的计算结果，就可以估计农药的任一生产条件下，农药收率在什么数值附近波动。如 $A_2B_1C_2D_2$ 生产条件下农药收率的估计值为

$$\hat{m} = \mu + \hat{a}_2 + \hat{b}_1 + \hat{c}_2 + \hat{d}_2 + (\hat{ab})_{21}$$

$$= 90.5 + (-1.0) + 1.5 + 2.75 + 0.75 + 2.5 = 97$$

若用此生产条件进行试验。试验结果的实测值一般是在以此估计值为中心附近波动。

与二水平的计算方法完全类似，我们可以得到三水平正交表效应的估计公式如下：

$$\mu = \frac{1}{N}\sum_{t=1}^{N} y_t = \bar{y} \tag{2-14}$$

$$\hat{a}_i = \frac{K_{ai}}{N/3} - \mu \tag{2-15}$$

$$\hat{b}_j = \frac{K_{bj}}{N/3} - \mu \tag{2-16}$$

$$(\hat{ab})_{ij} = \frac{(AB)_{ij}}{N/9} - \mu - \hat{a}_i - \hat{b}_j \tag{2-17}$$

式中　N——总试验次数，如在 L_9（3^4）中 $N=9$；

K_{ai}——A 因素第 i 个水平所对应的数据之和；

K_{bj}——B 因素第 j 个水平所对应的数据之和；

$(AB)_{ij}$——A_iB_j 水平所对应的试验数据之和。

2.2.4 利用试验数据的结构式补偿缺失数据

利用正交试验设计，在对试验结果（数据）进行统计分析时，必须注意数据的齐全。如果由于种种原因而造成的某号试验的试验数据失落，则必须设法补齐。一般要求最好重做试验，取得试验数据。在条件不允许重做试验时，可以利用试验数据的结构式和参数估计的方法来估算失落的试验数据。

譬如表 2-3 某农药收率的试验，假设由于某种原因第 5 号试验的试验数据缺失，那么怎么来补偿呢？我们可以根据第 5 号试验数据 y_5 的数据结构式

$$y_5 = \mu + a_2 + b_1 + c_1 + d_2 + (ab)_{21} + \varepsilon_5$$

按上述试验指标理论值的估计方法有

$$\hat{y}_5 = \mu + \hat{a}_2 + \hat{b}_1 + \hat{c}_1 + \hat{d}_2 + (\hat{ab})_{21}$$

其中：$\mu = \frac{1}{N}\sum_{t=1}^{N} y_t = \bar{y}\,(t=1,\ 2,\ \cdots,\ N,\ N=8)$

$$\hat{a}_2 = \frac{y_5 + y_6 + y_7 + y_8}{4} - \bar{y}$$

$$\hat{b}_1 = \frac{y_1 + y_2 + y_5 + y_6}{4} - \bar{y}$$

$$\hat{c}_1 = \frac{y_1 + y_3 + y_5 + y_7}{4} - \bar{y}$$

$$\hat{d}_2 = \frac{y_2 + y_3 + y_5 + y_8}{4} - \bar{y}$$

$$(\hat{ab})_{21} = \frac{y_5 + y_6}{2} - \bar{y} - \hat{a}_2 - \hat{b}_1$$

将表 2-3 试验结果（除 y_5外）代入，计算整理后得：

$$\bar{y} = (633 + y_5)/8$$

$$\hat{a}_2 = (y_5 - 99)/8$$

$$\hat{b}_1 = (y_5 - 79)/8$$

$$\hat{c}_1 = (y_5 - 113)/8$$

$$\hat{d}_2 = (y_5 - 85)/8$$

$$(ab)_{21} = \frac{y_5 + 96}{2} - (633 + y_5)/8 - (y_5 - 99)/8 - (y_5 - 79)/8 = (y_5 - 71)/8$$

于是

$$\begin{aligned}\hat{y}_5 &= (633 + y_5)/8 + (y_5 - 99)/8 + (y_5 - 79)/8 \\ &\quad + (y_5 - 113)/8 + (y_5 - 85)/8 + (y_5 - 71)/8 \\ &= (6y_5 + 186)/8\end{aligned}$$

因此

$$\hat{y}_5 = 93$$

可用此估计值来补齐试验数据。

2.3 思考题

1. 试验数据最简的结构式是什么？
2. 用数据的结构式能够说明哪些问题？
3. 如何利用数据结构估计试验数据理论值？

3　农机试验的区组设计

3.1　区组和区组设计

众所周知，客观事物是复杂的。任何试验除了有要考察的因素外，还存在不予考察的因素。在试验中这些不予考察的因素，对试验结果也会产生不同程度的影响。这种影响我们称为干扰。为了使试验结果具有可比性和提高试验精度，在试验中我们要尽量控制不予考察因素的干扰，力求使试验条件保持一致。譬如有几台插秧机进行性能对比试验，以产量作为评价的指标，试验因素是几台不同型号和结构参数的插秧机。在试验中除插秧机的插秧质量对产量有影响外，试验地的土壤肥沃程度、土壤坚实度、秧苗质量、田间管理等条件对产量也产生重要影响。要使试验结果具有可比性，能够比较出哪台插秧机好、哪台不好，只有在全部试验中使土壤肥沃程度、土壤坚实度、秧苗质量、田向管理等条件都保持相同（或固定不变），才能得出正确结论。但在这些条件中，有些条件如施肥、灌水、田间管理等可以人为控制，能够基本做到保持条件相同。可有些条件如土壤肥沃程度、土壤坚实度以及日照等人们难以控制。因此就会出现有的试验条件比较好（土壤肥沃、土质又松软），有的试验地条件比较差或很差等各种情况。如果在条件较好的试验地上进行试验的插秧机，试验结果的产量就可能比较高；而在条件较差的试验地上进行试验的插秧机，试验结果的产量可能就比较低，那么按这个结果比较，能否做出前种插秧机比后种插秧机好的结论呢？显然不能。因为产量的高低有可能是由于土壤条件的好坏造成的。这样试验地的差别就干扰了我们对插秧机性能好坏的认识。试验之所以出现这种情况，是由于把要考察的因素和不需要考察的因素（试验地差别）混杂在一起了，因此才使试验得不出正确结论。为了要达到试验的目的，得出正确结论，在安排试验时要设法尽量避免或消除这种混杂，这就是区组设计要解决的问题。

试验为了避免混杂，可把几台插秧机安排在土壤条件基本相同的若干个试验小区上进行。由于小区土壤条件基本相同，从而避免了混杂，试验便可得出正确的结论。把土壤条件基本相同的小区，划为一组，称这样的组叫区组。

除上述试验地的差异使试验出现混杂现象外，在试验中还常出现要用几台同样型号的仪器、仪表测量同一项试验指标，因仪器、仪表间的性能差异，也会使试验出现混杂现象。试验需要几个人轮流操作一台仪器，因操作人员技术水平和熟练程度的不同，也会使试验出现混杂现象，甚至班次、日期以及其它不需要考察的因素都会使试验出现混杂，干扰我们对试验因素的分析和认识。把试验过程中那些不需要考察的、但又影响试验指标取值的干扰原因，叫做区组因素。区组因素的一个水平就是一个区组。这样仪器可作为区组因素，参加测试的每台仪器都是一个区组，几台仪器就是几个水平，几个水平就是几个区组。班次、人员、日期等都可作为区组因素。

在因素试验中，为了防止像土壤、仪器、班次等这些不需要考察而又不可控制的试验条件和考察因素的混杂，对试验结果产生影响，而采取划分区组来安排试验，以分开或消除干扰的影响，这一系列技术措施称为区组设计。

3.2 农机非田间试验的区组设计

农机试验有实验室内试验和田间试验。由于田间试验受自然条件的影响很大，而自然条件在田间是难以控制的。为了人为的控制自然条件的影响，采用室内试验或非田间试验。由于室内或非田间试验提高了人们对试验条件的控制能力，因此非田间试验控制干扰因素的影响要比田间试验小得多。但是，室内或非田间试验并不能对所有干扰因素都能完全控制或消除，如果试验安排不当，同样会出现试验因素和干扰因素（如操作人员的技术水平、仪器仪表间的差异等）对试验指标同时产生影响的混杂现象。譬如在室内土槽进行土壤湿度和牵引速度对犁耕阻力的影响试验。试验采用正交试验设计，每个因素取 3 个水平，用 L_9（3^4）正交表，试验方案如表 3-1 所示。

表 3-1 试验方案

因素 \ 试验号	土壤湿度	牵引速度			试验结果
	1	2	3	4	y_t
1	1	1	1	1	y_1
2	1	2	2	2	y_2
3	1	3	3	3	y_3
4	2	1	2	3	y_4
5	2	2	3	1	y_5
6	2	3	1	2	y_6
7	3	1	3	2	y_7
8	3	2	1	3	y_8
9	3	3	2	1	y_9

共试验 9 次，在全部试验中，由于控制和测定土壤湿度水平很麻烦，又费时间，我们把试验人员分成 a、b、c 三组，每组负责三次试验。但这三组人员对控制和测定土壤湿度的技术水平和熟练程度不同。假设 a 组技术熟练，对土壤湿度控制和测定比较精确，b 组技术一般，而 c 组技术水平低，对土壤湿度控制和测定不太准确。由于组间技术上的差异，显然会使试验结果受到影响。在这种情况下，对这三组应如何分工好呢？假如让 a 组负责 1、2、3 号试验，b 组负责 4、5、6 号试验，c 组负责 7、8、9 号试验。试验结果反映 7、8、9 号试验犁耕阻力最小，4、5、6 号居中，1、2、3 号犁耕阻力最大。那么要问，这样的试验结果，主要是由土壤湿度不同引起的呢？还是由于操作人员技术水平对土壤湿度的控制和测定精度不同造成的呢？对这个问题是说不清楚的。因为这样安排实际上是把“人员分组”和“土壤湿度”都放在正交表 L_9（3^4）第 1 列位置上了。即 a 组人员和土壤湿度一水平、b 组人员和土壤湿度二水平、c 组人员和土壤湿度三水平掺在一起。正由于“土壤湿度”和“人员分组”都放在正交表的同 1 列位置上，因此也就判别不出试验结果是由土壤湿度变化引起的，还是由人员技术水平差异所引起的。这也是一种混杂，同样干扰我们对试验结果的正确分析。现在用区组设计来安排试验。考虑到本试验操作人员技术水平的差异可能对试验结果带来影响，把操作人员定为区组，且考察因素有几个水平，区组因素也相应地有几个水平。水平数就是区组因素的区组数。在本例中考察因素是 3 个水平，即把操作人员分成 a、b、c 三个区组，在试验设计时把它作为一个因素考虑进去，并放在正交表的某一列上，如表 3-2 所示，放在第 3 列。由于正交表的特性，干扰因素就不会影响试验结果了。

表 3-2　区组设计

试验号 \ 因素	土壤湿度	牵引速度		区组因素（操作人员）	试验结果
	1	2	3	4	y_t
1	1	1	1	1	y_1
2	1	2	2	2	y_2
3	1	3	3	3	y_3
4	2	1	2	3	y_4
5	2	2	3	1	y_5
6	2	3	1	2	y_6
7	3	1	3	2	y_7
8	3	2	1	3	y_8
9	3	3	2	1	y_9

各区组上做哪号试验呢？表 3-2 区组因素列的各水平对应的试验号就是在各区组上进行试验的试验号，见表 3-2a 所示。

在统计分析试验结果时，当试验不要求得到精确的指标值时，就无须对“人员区组”所在列进行计算。对试验精度要求较高的试验在进行数据的统计计算时，用区组因素列的水平效应对试验数据进行矫正，从而可以把区组因素对试验指标的影响从试验结果中消除。矫正计算方法将在下节讨论。

表 3-2*a*　区组因素试验号

区　组	在区组中进行试验的试验号		
1	(1)	(5)	(9)
2	(2)	(6)	(7)
3	(3)	(4)	(8)

在这个试验中除了考虑到操作人员的技术水平不同对试验的干扰外，如果还考虑到仪器之间的差异对试验指标的影响，同样可以把它作为一个区组因素，在安排试验时把它放在正交表的某一列位置上，比如放在表 3-2 第 3 列上。如果此时正交表上各列已被试验因素和其他区组因素所占满，那么考虑到区组因素是试验中不需要考察的因素，在试验设计时把它放在正交表的某一列位置上的目的是避免或消除它对试验指标的影响，因此完全可以让区组因素之间彼此混杂，只要区组因素不和试验因素混杂在一起就行了。所以“人员”和“仪器”这两个区组因素完全可以放在正交表的一列位置上，比如放在表 3-2 的第 4 列和第 3 列上。

总之，在室内或非田间试验中，对于不需要考察的因素，如机台、仪器、班次、人员以及日期等，为了避免它们对试验结果的影响和干扰，应尽量使它们固定在同一水平上。当客观条件不允许做到这一点时，则应在试验设计时，把它们作为区组因素放在正交表的适当列上，占有一列位置，使之与试验因素分开。但不同的区组因素之间可以而且也应该尽可能地让它们彼此混杂。这样可不至于由于考虑区组因素而使正交表选得过大。但要注意，在用正交表进行区组设计划分区组时，区组因素的水平数要和试验因素的水平数一致。

3.3　农机田间试验的区组设计

农机田间试验受作物、土壤、地形、地势及气候等自然条件影响很大。无论试验人员怎样精心选择试验地，总难做到使得整个试验地的自然条件保持完全一致。而且整个试验地的变化，有的是朝着一个方向逐渐变化，有的则是在纵向和横向两个方向都有着变化。因此，田间试验在试验设计时不仅试验方案的设计要考虑区组因素的影响，而且在方案实施时还要特别注意试验的田间排列，以便尽可能消除自然条件差异对试验指标的影响。同时由于田间试验误差比较大，一般都应把同一条件的试验进行适当的重复。重复试验是提高试验精度、减少试验误差的一个重要措施。每种试验条件进行一次试验就叫做一次重复，重复试验这个原则也适用于室内或非田间试验。

3.3.1 试验地在一个方向有变化的区组设计

3.3.1.1 完全区组设计

例 3-1 为寻找水田收获机械的最佳行走机构方案进行实地试验研究。所谓最佳行走机构是指行走阻力小的行走机构。初次试验考虑 3 个因素，各取 2 个水平，如表 3-3 所示。

表 3-3 因素水平

因素 水平	*A* 接地压力（MPa）	*B* 履带板型式	*C* 重心位置
1	0.18	大间隔	中点
2	0.21	小间隔	中点后 120mm

该试验为三因素二水平试验，选用 L_4（2^3）正交表安排试验，试验方案如表 3-4 所示。

表 3-4 试验方案

因素 试验号	*A* 接地压力（MPa）	*B* 履带板型式	*C* 重心位置
1	1（0.18）	1（大间隔）	1（中点）
2	1	2（小间隔）	2（中点后 120mm）
3	2（0.21）	1	2
4	2	2	1

试验是在水稻田里进行。经过对试验地的调查，发现土壤坚实度有如图 3-1 箭头所示方向的变化趋势。为了消除土壤坚实度的差异对行走阻力的影响，按此变化趋势由松软向坚实方向把试验地划分成三个区组。由于 L_4（2^3）正交表全部试验只有四组试验条件，因此全部试验可安排在一个区组内即同一土壤条件下进行。每个区组都能完成一次全部试验，三个区组意味着可做三次重复试验。像这样全部试验安排在一个区组内进行，每多一个区组就等于多一次重复试验的试

验设计称为完全区组设计。

完全区组设计是全部试验在一个区组内就能完成；多一个区组就多一次全部试验的重复试验，那么试验中在每个区组内各号试验如何排列呢？如果按图 3-1 *a* 或 *b* 所示排列，每号试验在每个区组内所处的位置相对保持不变，都按自然顺序排列。前种排列法显然失去划分区组的意义，土壤坚实度差异对试验指标的影响和试验因素对试验指标的影响，二者混杂现象不能加以避免或消除，是不合理的。后一种排列法将有系统误差的影响，也是不可取的。通常采用的排列法如图 3-1*c* 所示的完全随机排列法。这种排列方法是各号试验在区组内的位置采用随机抽签或查随机数表等方法进行安排的。

1号	2号	3号	4号	1号	2号	3号	4号	1号	2号	3号	4号
区组 I				区组 II				区组 III			

a

区组 I	区组 II	区组 III
1号	1号	1号
2号	2号	2号
3号	3号	3号
4号	4号	4号

b

区组 I	区组 II	区组 III
1号	3号	4号
3号	2号	1号
2号	4号	2号
4号	1号	3号

c

松软 ——土壤坚实度情况——→ 坚实

图 3-1　完全区组设计田间排列示意

在试验中有时会遇到这样的情况：当田间排列采用完全随机排列时增加了变

换难调因素水平的次数，比如本例中调换 B 因素（即履带板型式）就比较困难，每调换一个水平，要费 1～2h。由于难调因素水平变换次数增多，势必导致试验辅助时间增加，使整个试验时间拖长。时间拖长意味着时间这个“区组”范围变大，而不利于试验条件的均匀一致。为了解决这个问题，除了用随机排列安排试验次序外，再加上人为的某些主观意志，做到统筹兼顾，合理安排。如图 3-2 所示，其试验顺序是：区组Ⅰ的 3→1→4→2→区组Ⅱ的 2→4→1→3→区组Ⅲ的 3→1→2→4。这种排列方法叫部分随机排列。部分随机排列不但使难调因素 B 的调换次数比完全随机排列减少，使时间范围大为缩小，时间利用更集中，同时也使各号试验在区组内的排列随机性较好地得到保证。

区组 Ⅰ	区组 Ⅱ	区组 Ⅲ
3 号试验	2 号试验	3 号试验
1 号试验	4 号试验	1 号试验
4 号试验	1 号试验	2 号试验
2 号试验	3 号试验	4 号试验

松软 —土壤坚实度情况→ 坚实

图 3-2　部分随机田间排列

由于完全区组设计一次全部试验是在一个区组内完成，即在土壤这区组因素的同一水平上完成，且有重复试验，因此设计试验方案时，不必把区组因素考虑进去。只是在田间实施试验方案时，把试验地按干扰因素变化的趋势分成若干区组。每个区组上按完全随机排列或部分随机排列顺序安排试验就行。试验结果的填写和统计分析与正交试验设计基本相同，只是把重复试验结果用其平均值进行计算分析。通过求和求平均消除干扰的影响。

一个区组就是一个水平，因此在区组内划分的小区数目要少，才能容易得到基本相同的试验条件。完全区组设计的特点是全部试验都在一个区组内进行，区组内的小区数等于试验号数，因此完全区组设计不适宜于试验次数多或试验号大的试验方案，一个区组一般安排 2～4 次试验比较合适，所以完全区组设计的使用上就受到了一定限制。

3.3.1.2　不完全区组设计

对于试验号或试验次数多的田间试验，如果采取完全区组设计将它们安排在一个区组内进行试验，那么势必造成区组范围过大，使一个区组内的各个小区难以保持试验条件一致。为了不使区组范围过大，又要安排试验号大的试验，把土壤条件作为区组因素与其他因素一样安排在正交表上一列位置。把区组因素所在列处于同一水平的各号试验安排在一个区组内，因此每个区组内只安排部分试验号试验，这样的区组称为不完全区组。用不完全区组安排区组试验的方法称为不完全区组设计。

不完全区组设计每个区组内各号试验的田间排列也分随机排列和部分随机排列两种。由于不完全区组的每个区组只安排部分试验号，只有当完成全部区组的全部试验后，才对每号试验各完成一次。如果需要对每号试验再重复一次，那么就要再完成一次全部区组的全部试验。这第二次试验的排列（在一个区组内）一般应不同于第一次试验，但仍按随机排列。下面举例加以说明。

例 3-2 将例 3-1 每个因素的水平取 3 个，其因素水平如表 3-5 所示。试验仍在水田进行，试验地的土壤坚实度在一个方向上有变化。

表 3-5 因素水平

因素 / 水平	*A* 接地压力（MPa）	*B* 履带板型式	*C* 重心位置
1	0.18	大间隔	中点
2	0.23	无间隔	中点前 120mm
3	0.21	小间隔	中点后 120mm

本试验是三因素三水平试验，不考虑交互作用，可选 L_9（3^4）正交表进行正交试验。由于试验地的土壤坚实度在一个方向上有变化，考虑到它对试验指标的影响，采用区组设计。由于 L_9（3^4）有 9 个试验号，因此采用不完全区组设计。L_9（3^4）最多能安排 4 个因素，恰好多出一列可用来安排区组因素。试验方案和各号试验在田间的安排，如表 3-6 和图 3-3 所示。区组因素所在列（第 4 列）有 3 个水平，则相应在田间要划出 3 个区组。区组因素列水平重复 3 次，则相应的在一个区组中要划出 3 个小区，各号试验在田间的安排是区组因素所在列处于同一水平的各号试验安排在一个区组内，即第一区组安排 1、5、9 号试验；第二区组安排 2、6、7 号试验；第三区组安排 3、4、8 号试验。它们在每个区组内的排列，这里采取的是随机排列法，用以消除某些试验号可能占有的“优劣”，如图 3-3 所示。

从图 3-3 可以看出，在完成 3 个区组的全部试验后，才对每号试验各完成一次。每号试验如果需要再重复一次试验，就需要再完成 3 个区组的全部试验。这第二次重复试验在田间排列上（指每个区组）一般应不同于第一次试验，但仍是随机排列。如果还需要安排第三次重复试验，也照样如此。这样每次试验都是随机安排，又加上求和求平均，就消除了各号试验位置差异对试验结果的影响。

表 3-6 试验方案与试验结果分析

试验号＼因素	A	B	C	D（区组）	试验结果（行走阻力 10N）试验值 y_t	矫正值 y'_t
1	1（0.18）	1（大）	1（中）	1	（681）	671.7
2	1	2（无）	2（前）	2	（638）	630.0
3	1	3（小）	3（后）	3	（627）	644.3
4	2（0.23）	1	2	3	（773）	790.3
5	2	2	3	1	（816）	806.7
6	2	3	1	2	（632）	624.0
7	3（0.21）	1	3	2	（838）	830.0
8	3	2	1	3	（632）	649.3
9	3	3	2	1	（615）	605.7
K_1	1 946	2 292	1 945	2 084（2 112）	总计（6 252）总平均 y（694.7）	总计（6 252）总平均 y'（694.7）
K_2	2 221	2 086	2 026	2 084（2 108）		
K_3	2 085	1 874	2 281	2 084（2 032）		
k_1	648.7	764.0	648.4	694.7（704.0）	主次因素 B、C、A	
k_2	740.4	695.4	675.4	694.7（702.7）		
k_3	695.0	624.7	760.4	694.7（675.4）		
k	91.7	139.3	112.0	0		
计算分析优水平	A_1	B_3	C_1			

和完全区组一样，为照顾难调水平因素（如 B 因素履带板型式）的变换水平次数少的问题，也可采用部分随机排列。

试验按表 3-6 规定各号试验组合条件和田间排列图 3-3 示意图进行。试验所测得的试验结果的数据一般以多次试验的平均值填入表 3-6 右列试验结果栏中的“试验值”下，并加以括号说明。由于正交表的综合可比性，这些原始数据可以直接用来分析比较。但是，试验测得的试验结果的数据中包含有区组因素的影响。当需要得到较精确的试验指标值时，要对试验直接测得的试验数据进行矫正。

根据第二章试验数据的结构式可知，L_9（3^4）正交表试验数据的结构式为

第 5 号试验 $A_2B_2C_3$	第 7 号试验 $A_3B_1C_3$	第 3 号试验 $A_1B_3C_3$
1 $A_1B_1C_1$	6 $A_2B_3C_1$	8 $A_3B_2C_1$
9 $A_3B_3C_2$	2 $A_1B_2C_2$	4 $A_2B_1C_2$
区组 I	区组 I	区组 III

松软 $\xrightarrow{\text{土壤情况}}$ 坚实

图 3-3 不完全区组田间排列示意

$$y_t = \mu + a_i + b_j + c_k + d_l + \varepsilon$$

于是有

$$y_t - d_l = \mu + a_i + b_j + c_k + \varepsilon$$

式中 d_l——区组因素 D 第一水平的效应（$l=1, 2, 3$）；

y_t——第 t 号试验直接测得的试验结果（$t=1, 2, \cdots, 9$）。

因此，试验结果的矫正值 y_t 为

$$y_t' = y_t - d_l \tag{3-1}$$

根据第二章水平效应的计算公式

$$d_l = \frac{D_l}{N/3} - \bar{y}_t$$

有

$$d_l = k_l - \bar{y}_t \tag{3-2}$$

按表 3-6y_t值计算区组因素列的 k_l值，如表 3-6 区组因素列（第 4 列）k_l值括号内的数值，即（704.0）、（702.7）、（675.4）。比较这三个数值，可见 k_1、k_2、k_3不相等，说明区组因素的不同水平对试验指标有影响。因此，试验考虑到区组因素的影响，进行区组设计是对的。

具体进行矫正的方法和步骤如下。

（1）将全部试验直接测得的试验数据总计求和（本例为 694.7）。

（2）按原数据 y_t（带括号者）计算区组因素列的 K_l和 k_l值和区组效应 d_l。本例 d_l的计算列在表 3-7。

（3）将各试验号的试验数据减去所在区组效应值 d_l值，便得到各组试验结果的矫正值，填入表 3-6 最右一列 y_t'（矫正值）栏下。该列数据不再加括号，以示矫正后的指标值。

表 3-7　区组效应 d_l 计算

区　组	区组所含试验号	原 k_l 值	$d_l = k_l - \bar{y}_t$
1	1　5　9	(704.0)	704.0−694.7=9.3
2	2　6　7	(702.7)	702.7−694.7=8.0
3	3　4　8	(675.4)	675.4−694.7=−15.3

从表 3-6 中可见，若用矫正值做计算分析，区组列的极差为零，这就意味着区组因素的影响已不复存在了。

3.3.2　试验地在两个方向上有变化的区组设计

3.3.2.1　拉丁方区组设计

设某试验站对 3 种不同型号的插秧机进行对比试验，以产量作为试验指标，评价插秧机好坏。

试验前对试验地进行调查结果是该试验地从南到北土壤肥力逐渐降低，而从东到西土壤肥力逐渐升高。这就是说土壤肥力在两个方向上都有变化。面对这样一块试验地应如何安排 3 种插秧机的试验呢？请看下面 3 种安排方法。

（1）按南北方向把试验地分成 3 个区组，每个区组安排一种插秧机试验，如图 3-4a 所示。

（2）按东西方向把试验地分成 3 个区组，每个区组安排一种插秧机试验，如图 3-4b 所示。

（3）按图 3-4c 把试验地分成 9 个区组，每个区组安排一种插秧机，且保证每行每列 3 种插秧机各有一种，不能多，也不能少。

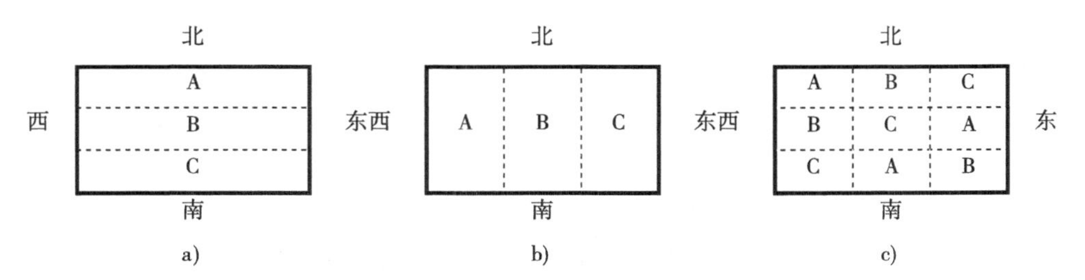

图 3-4　三种插秧机试验排列

上述 3 种安排试验的排列方法从图 3-4 可以看出：前两种方法显然不能排除土壤肥力的差异对试验结果的干扰，都存在土壤肥力差异对试验指标的影响和插秧机不同对试验指标的影响混杂在一起的现象。后一种方法 3 种插秧机在试验地上的分布相对比较均匀，从 3 种插秧机各 3 次试验条件来看，可以认为它们处在土壤肥力基本相同的条件下。这样就可大大减少土壤肥力的差异对试验结果的干扰。这种排列方法就是拉丁方排列法。按拉丁方划分区组安排试验的试验设计称为拉丁方区组设计。

拉丁方就是用μ个字母（或数字），排成一个方块，其中n个字母在每行每列中都恰好出现一次。如图3-5所示的拉丁方，每行每列a、b、c或1、2、3或a、b、c、d、恰好都出现一次。由于当初用拉丁字母来排列这个方块，故叫作拉丁方。用来排列拉丁方的字母（或数字）的个数，叫作拉丁方的阶。

图3-5a、b两个拉丁方都是三阶，记成3×3；图c的拉丁方是四阶，记成4×4。如果第一行和第一列是按字母顺序排列的话，从行看a、b、c…正常顺序，从列看也是第一列为a、b、c…正常顺序，则这样的拉丁方称为标准拉丁方。图3-5都是标准拉丁方。每个标准拉丁方可以把它的纵列或横行进行调换，可得不同排列的拉丁方。上述插秧机试验，如果对图3-4c拉丁方随机地调换纵列、横行，再安排一个拉丁方试验，便可大大提高试验精度，其随机调换方法如图3-6所示。

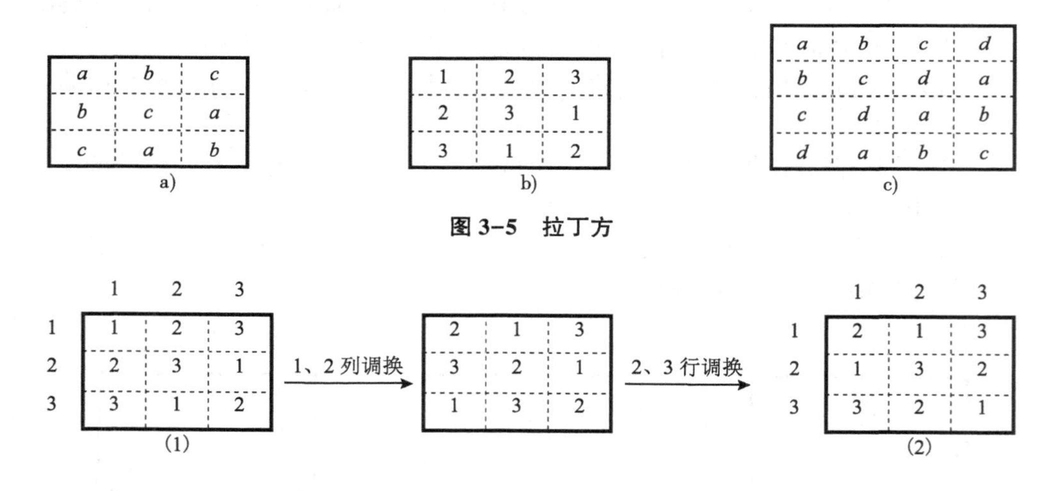

图3-5 拉丁方

图3-6 3×3拉丁方区图（1）、（2）次重复试验方案及演化示意

在一个多因素的田间试验中土壤情况在两个方向上有变化时，同样可以用拉丁方区组设计来消除干扰的影响。譬如例3-1寻找水田收获机械的最佳行走机构方案，因素水平见表3-3，试验方案见表3-4。如果试验地的土壤坚实度在两个方向（纵向和横向）都有变化。为了消除试验地土壤坚实度在两个方向上的差异对试验结果的影响，可以选用四阶拉丁方划分区组，安排试验，如图3-7a

所示。如果条件允许，对此标准拉丁方进行随机化调换纵列、横行，再安排一个四阶拉丁方重复试验，可提高试验精度，如图 3-7b 所示。

从图 3-7 可见，用拉丁方安排多因素试验，每行每列都是一个完整的全部试验，即 4 个试验号各出现一次，2 个方向上都有 4 次试验。因此拉丁方排列属于完全区组设计的范畴，可利用试验结果的统计分析，直接做出结论。干扰通过求和求平均予以消除。由于拉丁方区组设计属于完全区组设计范畴，它适于安排试验号小的区组试验。因此拉丁方区组设计在使用上同样受到限制。

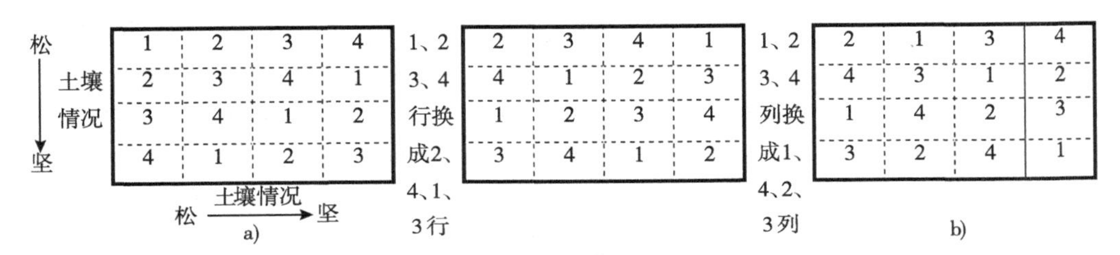

图 3-7 标准拉丁方及随机演化示意

3.3.2.2 方块区组设计

拉丁方区组设计属于完全区组设计的范畴，不适用于试验号较大的多因素试验。对选用试验号较大的正交表来安排多因素试验时，可以用方块设计法去消除试验地在纵横两个方向上有差异的影响。方块区组设计法类似于在一个方向上有差异的不完全区组设计，把纵向和横向 2 个方向的差异作为 2 个区组因素，分别称为行因素和列因素。在设计试验方案时把它们作为 2 个因素考虑进去，在正交表上各占有一列位置。在田间试验时把整个试验地按行因素水平数和列因素水平数画成行与列的小块。每个试验号根据行因素和列因素给出的相应的水平号安排到方块中去。具体设计方法和步骤用下面的实例加以说明。

例 3-3 某农机所对深松机具工作部件进行试验研究时，采用了方块区组设计。试验要考察的因素及水平如表 3-8 所示。要求控制两个方向土壤坚实度的差异。试验时耕深均控制在 30cm，均采用斜齿铲柄。

（1）选表安排试验方案

从表 3-8 知，本试验为二因素三水平试验，要求控制试验地两个方向土壤坚实度的差异，为此增加行、列区组因素，选 L_9（3^4）正交表安排试验方案。试验共有 9 个试验号，每号试验组合条件如表 3-9 所示。区组因素行、列在正交表中各占一列，如表列 3 为列因素，表列 4 为行因素。

表 3-8　因素水平

水平 \ 因素	A 深松铲形式	B 试验速度（东方红—75 挡数）
1	凿形铲	Ⅰ挡
2	尖齿铲	Ⅱ挡
3	鸭掌铲	Ⅲ挡

（2）试验的田间排列

因为试验选用 $L_9(3^4)$ 正交表安排试验方案，表列 3 和列 4 分别为列因素和行因素，都为三水平，因此试验前首先将试验地划成 3×3 的方块。试验田横向各小块代表列因素的各水平；试验田纵向各小块代表行因素的各水平。各号试验在方块上的试验位置，由表 3-9 各号试验所对应的列因素和行因素的水平数确定。如 1 号试验对应列因素为一水平、行因素为一水平。在试验田里就是第一列和第一行相交的小块上做这号试验。2 号试验对应列因素二水平、行因素为二水平，则在试验田里为第二列和第二行相交的小方块上做试验。又如 4 号试验对应列因素为二水平，行因素为三水平，则在试验田里是在第二列和第三行相交的小方块上做试验。其余各号试验照此安排，如图 3-8*a* 所示。在试验时要严格按照此图所示进行。

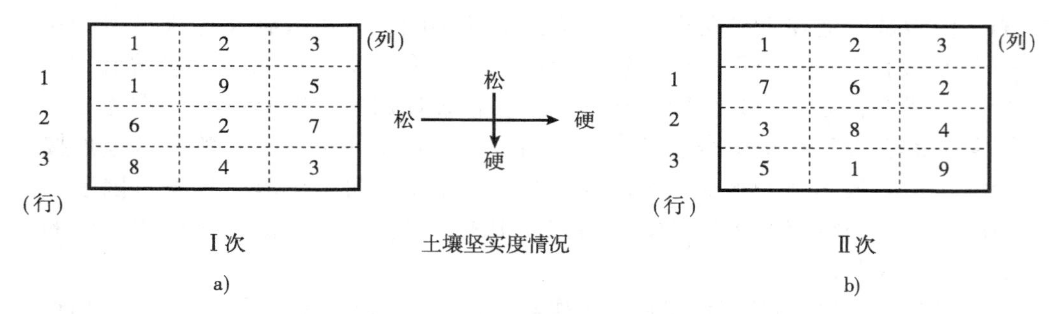

图 3-8　方块设计田间排列示意

（3）重复试验

由图 3-8 可以看出，方块排列每号试验在试验田内只占一个小方块，没有重复的现象。它属于不完全区组设计的范畴。为了提高试验精度应该进行重复试验。进行重复试验时各号试验在方块内的排列位置应有所变化。变化的方法可通过交换行，列因素的水平号的办法来确定。例如表 3-9 第Ⅱ次重复试验的列因素的水平号是用第Ⅰ次试验的列水平号加 1 变换来的，即 1、2、3 变成 2、3、1（因有 3+1 即为一水平）；行因素水平号是用第Ⅰ次试验的行水平加 2 号变换来的，这时 1、2、3 变成 3、1、2。其田间排列图如图 3-8b 所示。

（4）试验结果的计算分析

方块设计和不完全区组设计一样，由于正交表的综合可比性，表 3-9 中的原始数据可以直接用来计算分析。但是，试验测得的试验结果的数据中包含有区组行和区组列因素的影响。当需要消除试验结果中的区组行和区组列因素的影响时，需对试验直接测得的试验数据进行矫正。

根据表 3-9 的计算结果可知：该试验中的主次因素为 B、A，计算分析的优水平为 A_1B_1。

表 3-9　3×3 两次试验方案及试验结果（矫正值）分析

试验 \ 列号	A	B	第一次重复			第二次重复			平均指标值
			区组列	区组行	指标值	区组列	区组行	指标值	
1	1（凿）	1（Ⅰ）	1	1	0.25	2	3	0.278 0	0.264
2	1	2（Ⅱ）	2	2	0.59	3	1	0.559 7	0.575
3	1	3（Ⅲ）	3	3	0.45	1	2	0.392 4	0.420
4	2（尖）	1	2	3	0.39	3	2	0.379 4	0.385
5	2	2	3	1	0.69	1	3	0.709 0	0.700
6	2	3	1	2	0.51	2	1	0.411 7	0.461
7	3（鸭）	1	3	2	0.37	1	1	0.342 7	0.356
8	3	2	1	3	0.73	2	2	0.651 4	0.691
9	3	3	2	1	0.42	3	3	0.526 0	0.473
K_1	1.259	1.005						总计 4.325 计算分析优水平 A_1B_1 主次因素次序 B、A	
K_2	1.546	1.966							
K_3	1.520	1.354							
k_1	0.420	0.335							
k_2	0.515	0.655							
k_3	0.507	0.451							
R	0.095	0.320							

3.4 思考题

1. 什么是区组设计？什么是不完全区组设计？两者之间有什么差别？

2. 加工某零件有 3 种工艺需要比较其间差异，如何安排试验？

3. 金属的硬度是用硬度计测定的，硬度计上的杆尖是关键部件。如今要比较四种不同质料的杆尖的差异，如何安排试验？

4 方差分析

前几章介绍的试验数据的分析方法，主要是极差分析法，也称直观分析法。这种分析方法的优点是简单易懂，容易掌握，只要对所获得的试验数据作少量的计算，通过综合比较，便可得到影响试验指标的主次因素和最优组合条件。但是，任何试验都不可避免地存在误差，而极差分析不能估计试验过程中及试验数据的测定中必然存在的误差大小，因此它不能区分试验数据的波动，究竟是由因素水平不同引起的，还是由试验误差引起的。在误差比较小，或者对试验精度要求不高的情况下，忽略误差的影响，采用极差分析法是可以的，也是常用的。极差分析法虽能分出因素的主次顺序，但它未能提出一个标准，来判断所考察因素作用的显著程度。因此当误差比较大或对试验结果要求精度较高的情况下，常采用方差分析法。方差分析是将因素水平（包括交互作用）变化所引起的试验指标的波动与误差所引起的试验数据的波动区分开来的一种统计分析方法。通过方差分析主要解决的问题是：分析各因素水平的改变对试验指标的影响和误差对试验指标的影响，并将它们进行比较，以判断各因素对试验指标的影响是否显著，从而得到影响试验指标的主次因素和最优组合条件。

4.1 单因素试验的方差分析

例 4-1 播种深度是播种机设计和使用调整的重要因素。现考察小麦播种深度对出苗率的影响，找出最佳播种深度。试验在经过人工处理保证土壤条件一致的试验地上进行。试验地分 12 个小区，取四种播种深度，每种深度重复 3 个小区。这是一个四水平单因素试验，取出苗率作为试验指标（%），试验结果如表 4-1 所示。

表 4-1 小麦播种深度与出苗率关系

试验号 \ 水平	A_1 2.5cm	A_2 5.0cm	A_3 5.5cm	A_4 10cm
1	68.9	71.1	60.0	55.3
2	51.1	88.9	55.6	57.8
3	62.4	80.0	57.8	60.0
平均值	60.8	80.0	57.8	57.7

4.1.1　试验误差的总估计

试验是在经过人工处理保证土壤条件一致的试验地上进行。这意味着试验是在除了改变播种深度（取 4 个水平）外，其他条件都保持不变的情况下进行的。这样在同一播种深度（同一水平）下进行的重复试验，所测得的出苗率数值应该相等。然而从表 4-1 所示数据看出，在同一水平下的 3 次重复试验所测得的出苗率数值均不相同。这说明试验中有误差存在，那么这种误差如何来估计呢？依据试验数据的最简结构式，任何一个试验数据都可表示为：

$$y_{ij} = m_i + \varepsilon_{ij}$$

式中　y_{ij}为 i 水平 j 次重复试验的试验指标值；ε_{ij}为相应的误差；m_i为 i 水平下试验指标的理论值，则

$$\varepsilon_{ij} = y_{ij} - m_i$$

其中，m_i 可用重复试验的试验数据的平均值来估计，即

$$\hat{m}_i = \frac{1}{n_i}\sum_{j=1}^{n_i} y_{ij} = \overline{y_i}$$

式中　n_i——重复试验次数。

于是 A_1水平下各次试验的误差为：

$$\varepsilon_{11} = 68.9 - 60.8 = 8.1$$

$$\varepsilon_{12} = 51.1 - 60.8 = -9.7$$

$$\varepsilon_{13} = 62.4 - 60.8 = 1.6$$

可见 ε_{ij}有正有负，为避免在误差求和时，正负误差抵消，可取它们的平方后再相加，得：

$$\sum_{j=1}^{3}(y_{1j} - \overline{y_1})^2 = (68.9 - 60.8)^2 + (51.1 - 60.8)^2 + (62.4 - 60.8)^2$$

$$= 162.26$$

这样得到的平方和称为数据的偏差平方和，它表示 A_1下误差所引起的数据总波动，以 S_1表示，即

$$S_1 = \sum_{j=1}^{3}(y_{1j} - \overline{y_1})^2 = 162.26$$

同样可以计算 A_2、A_3、A_4水平下误差的偏差平方和

$$S_2 = \sum_{j=1}^{3}(y_{2j} - \overline{y_2})^2 = 158.42$$

$$S_3 = \sum_{j=1}^{3}(y_{3j} - \overline{y_3})^2 = 9.68$$

$$S_4=\sum_{j=1}^{3}(y_{4j}-\overline{y_4})^2=11.06$$

把 S_1、S_2、S_3、S_4相加就得到误差所引起的总的偏差平方和，简称误差平方和，以 $S_{误}$或 S_e表示。

$$S_{误}=S_1+S_2+S_3+S_4$$
$$=\sum_{i=1}^{4}\sum_{j=1}^{3}(y_{i1}-\overline{y_i})^2=341.42$$

因此得试验误差的总估计的一般式为

$$S_{误}=\sum_{i=1}^{r}\sum_{j=1}^{n_i}(y_{ij}-\overline{y_i})^2 \qquad (4-1)$$

式中　$i=1, 2, \cdots, r$，为水平数；

$j=1, 2, \cdots, n_i$，为重复试验数。

4.1.2　因素水平变动而引起试验数据波动的估计

试验数据总可以分为理论值和误差两部分。理论值是在没有误差干扰情况下，应该得到的结果。它可以用同一水平下重复试验的平均值来估计。我们将表4-1各试验数据都用它们每个水平下的数据平均值来代替，则得表4-2。由此表可以看出各列数据之间互有变化，这个变化是由因素水平的改变而引起试验指标的变动。

表 4-2　因素水平改变而引起试验指标的波动

试验号 \ 平均值 \ 水平	A_1	A_2	A_3	A_4	总平均值
1	$\overline{y_1}=60.8$	$\overline{y_2}=80.0$	$\overline{y_3}=57.8$	$\overline{y_4}=57.7$	$\overline{y}=64.075$
2	$\overline{y_1}=60.8$	$\overline{y_2}=80.0$	$\overline{y_3}=57.8$	$\overline{y_4}=57.7$	$\overline{y}=64.075$
3	$\overline{y_1}=60.8$	$\overline{y_2}=80.0$	$\overline{y_3}=57.8$	$\overline{y_4}=57.7$	$\overline{y}=64.075$

如何表示由于因素水平改变而引起的试验数据的波动呢？回想前面引入的因素水平效应的概念 $a_i=m_i-\mu$ 表示因素取 i 水平条件下，试验结果比平均水平多多少或少多少，即因素由平均水平变到 i 水平后，引起数据的波动量。因此可用水平效应，表示因因素水平的改变而引起试验指标变化的大小。但水平效应也有正有负，为避免求和时正负效应抵消，取它们的平方再相加

$$(\overline{y_1}-\overline{y})^2+(\overline{y_1}-\overline{y})^2+(\overline{y_1}-\overline{y})^2=3(\overline{y_1}-\overline{y})^2=10.726$$

即为本试验 A_1水平偏差平方和。它反映了 A 取一水平引起试验指标的总波动。

同理可以算出 A_2、A_3、A_4的偏差平方和。然后把它们加起来，就得因素水平的偏差平方和，以 $S_{因}$表示或用 S_A表示，即

$$S_{因}=3(\overline{y_1}-\bar{y})^2+3(\overline{y_2}-\bar{y})^2+3(\overline{y_3}-\bar{y})^2+3(\overline{y_4}-\bar{y})^2$$

$$=\sum_{i=1}^{4}3(\overline{y_i}-\bar{y})^2=1033$$

$S_{因}$反映了所有因因素水平改变而引起试验指标变化的总波动，其一般式

$$S_{因}=\sum_{i=1}^{r}n_i(\overline{y_i}-\bar{y})^2 \quad (4-2)$$

式中　r——水平数；

n_i——重复试验数。

4.1.3 试验数据的总波动

试验数据如无误差和因素水平效应的影响，则全部数据都应一样，都取平均值。所以试验数据与总平均的差，可以反映试验数据的总波动。取它们的平方，然后再加起来，我们称这平方和为总偏差平方和，用 $S_{总}$来表示

$$S_{总}=\sum_{i=1}^{r}\sum_{j=1}^{n_i}(y_{ij}-\bar{y})^2 \quad (4-3)$$

总偏差平方和 $S_{总}$反映了试验数据的总波动。

因此

$$S_{总}=S_{误}+S_{因} \quad (4-4)$$

为减少计算误差与计算方便，对上面计算 $S_{总}$、$S_{因}$、$S_{误}$的公式进一步推导（推导步骤从略）可得

$$S_{总}=\sum_{i=1}^{r}\sum_{j=1}^{n_i}y_{ij}^2-\frac{1}{n}(\sum_{i=1}^{r}\sum_{j=1}^{n_i}y_{ij})^2$$

$$S_{因}=\sum_{i=1}^{r}\frac{1}{n_i}(\sum_{j=1}^{n_i}y_{ij})^2-\frac{1}{n}(\sum_{i=1}^{r}\sum_{j=1}^{n_i}y_{ij})^2$$

$$S_{误}=\sum_{i=1}^{r}\sum_{j=1}^{n_i}y_{ij^2}-\sum_{j=1}^{r}\frac{1}{n_i}(\sum_{j=1}^{n_i}y_{ij})^2$$

式中　$i=1,2,\cdots,r$——水平数；

$j=1,2,\cdots,n_i$——重复试验数；

n 为试验数据的总个数。

令 $K_i=\sum_{j=1}^{n_i}y_{ij}$，$K=\sum_{i=1}^{r}\sum_{j=1}^{n_i}y_{ij}$，$W=\sum_{i=1}^{r}\sum_{j=1}^{n_i}y_{ij}{}^2$，$Q=\frac{1}{n_i}\sum_{i=1}^{r}K_i^2$，$P=\frac{1}{n}K^2$ 则，

$$S_{总}=W-P \quad (4-5)$$

$$S_{因} = Q - P \tag{4-6}$$

$$S_{误} = W - Q \tag{4-7}$$

4.1.4 自由度和平均偏差平方和

有了$S_{误}$和$S_{因}$是否就可以比较因素水平改变所引起的试验指标的波动和误差引起试验指标的波动，从而判断因素水平对试验指标的影响是否显著呢？还不可以。因为$S_{误}$和$S_{因}$都是偏差平方和。偏差平方和数值的大小，不仅与计算偏差平方和的数据大小有关，而且还与数据的个数有关。计算$S_{因}$和$S_{误}$所含数据的个数是不一样的。因此要比较$S_{因}$和$S_{误}$时，首先必须消除数据个数的影响。为此提出自由度的概念。

所谓自由度，简单地说是独立的数据个数。譬如就计算本试验A_1水平的误差偏差平方和S_1而言，在求和的三个数据68.9、51.1、62.4中，由于它们之间有一个关系式：

$$\frac{68.9 + 51.1 + 62.4}{3} = 60.8$$

则称这三个数据中只有3-1（此处“1”即1个关系式）个数据对其平均值是独立的。也就是说，如果三个试验数据的平均值已知为60.8，其中2个试验数据也已知的话，那么第三个数据就确定了。这个数据被另2个数据所约束，因此独立数据个数为3-1=2。所以S_1的自由度为2。同样，S_2、S_3、S_4的自由度也都为3-1=2。由于$S_{误}=S_1+S_2+S_3+S_4$，显然$S_{误}$的自由度等于8。类似地$S_{因}$中求和的4个数据60.8、80.0、57.8、57.7之间有关系式：

$$\frac{60.8 + 80.0 + 57.8 + 57.7}{4} = 64.075$$

所以这四个数据中只有4-1=3个数据是独立的，因而$S_{因}$的自由度为4-1=3。在$S_{总}$中12个数据中也有一个关系式：

$$y = \frac{1}{12}\sum_{i=1}^{4}\sum_{j=1}^{3} y_{ij} = 64.075$$

因此总的自由度为12-1=11。

自由以f表示，对于

$$S_{总} = S_{因} + S_{误}$$

同样也有

$$f_{总} = f_{因} + f_{误} \tag{4-8}$$

一般有

$f_{总}$ = 总试验次数 - 1，即$n-1$

$f_{因} = 因数水平数 - 1$，即 $r-1$

$f_{误} = f_{总} - f_{因} = n - 1 - (r - 1) = n - r$

偏差平方和S除以它的自由度f称为平均偏差平方和，简称均方和。平均偏差平方和已消除了数据个数的影响。这样比较因素平均偏差平方和 $S_{因}/f_{因}$ 和误差平均偏差平方和 $S_{误}/f_{误}$，就可以判断因素水平改变对试验指标影响的显著程度。

4.1.5　*F* 比和显著性检验

有了因素平均偏差平方和 $S_{因}/f_{误}$ 和误差平均偏差平方和 $S_{误}/f_{误}$，我们就可着手判断因素 *A* 对试验指标影响的显著程度。这个显著性的判断，就是看 $S_{因}/f_{因}$ 和 $S_{误}/f_{误}$ 的比值大小。这个比值用 *F* 表示，即

$$F_A = \frac{S_{因}/f_{因}}{S_{误}/f_{误}} \tag{4-9}$$

因此叫 *F* 比。如果 F_A 值不大，说明因素 *A* 的水平改变使试验指标的变化无显著差异，可认为在误差范围内。如果 F_A 值比较大，就可以认为因素的水平改变对试验指标有较显著的影响。那么，*F* 比有多大，才可以认为试验结果的差异主要是因素水平的改变所引起的；小到何值可以认为试验结果主要是误差的影响呢？要解决这个问题，就需要有一个标准，来衡量 *F* 比。这个标准就是根据数理统计学原理编制的 *F* 分布表。*F* 分布表列出了各种自由度情况下 *F* 比的临界值。在 *F* 分布表上横行1，2，…代表 *F* 比中分子的自由度 $f_{因}$；竖列1，2，…代表 *F* 比中分母的自由度 $f_{误}$；表中的数值是各种自由度情况下 *F* 比的临界值。从表查得的临界值记成 F_α。若 $F_\alpha \leqslant F_A$，我们就可有大概（$1-\alpha$）的把握说因素 *A* 对试验指标有显著影响。这里 α 称信度，或称显著性水平。信度 α 是指我们作出的判断大概有的把握程度。譬如若 $\alpha=0.05$，就是指当 $F_A \geqslant F_{0.05}$ 时，我们大概有95%的把握判断因素 *A* 的水平改变对试验指标有显著影响。对于不同的信度 α，有不同的 *F* 分布表。α 的选择视问题的重要程度而定。当问题很重要，要求可信度比较高，α 可选小些；问题不太重要，要求可信度不高，α 可选大些。就本试验来说：

$$F_A = \frac{S_{因}/f_{因}}{S_{误}/f_{误}} = \frac{1033/3}{341.42/8} = 8.067$$

查表4-3得：

$F_{0.01} = 7.59$，$F_{0.05} = 4.07$，$F_{0.1} = 2.92$

$F_A = 8.067 > F_{0.01} = 7.59$，因此可以判断播种深度对出苗率有高度显著的影响。

当 $F_A > F_{0.01}(f_A,\ f_e)$ 时，说明该因素水平的改变，对试验指标有高度显著的

影响，记作 *** 。

当 $F_{0.01} > F_A > F_{0.05}$ 时，说明该因素水平的改变对试验指标有显著的影响，记作 ** 。

当 $F_{0.05} > F_A > F_{0.1}$ 时，说明该因素水平的改变对试验指标有一定的影响，记作 * 。

为进行上述检验，常用列表形式进行，如表 4-3 所示。

表 4-3　单因素试验方差分析

方差来源	平方和	自由度	均方和	F（比）值	F_α	α	显著性
因素	1 033	3	344. 3	8. 068	5. 59	0. 01	***
误差	341. 42	8	42. 68				
总和	1 361. 5	11					

4.2　正交试验的方差分析

由第一章得知，正交试验有如下 3 个特点。

（1）任何一个因素，它的不同水平试验的次数都是一样的；

（2）任何两个因素之间水平的搭配，都包括了全面搭配，且重复次数相等；

（3）有综合可比性，即对每列的各水平相应的指标和（K 值）比较时，其他因素的影响不混杂。

根据这三个特性，有了单因素试验的方差分析，处理正交试验的方差分析就容易了。从单因素试验的方差分析使我们得出一个规律，就是总偏差平方和总可以分解为因素和误差的偏差平方和相加。同样对多因素的正交试验（包括交互作用）来说，总的偏差平方和也可分解成

$$S_{总} = \sum S_{因} + \sum S_{交互} + S_{误}$$

式中　$\sum S_{因}$——各因素的偏差平方和；

$\sum S_{交互}$——各交互作用的偏差平方和。

由单因素方差分析中，因素的偏差平方和的表达式可知，某因素的偏差平方和就是该因素各水平效应的平方和。于是正交试验每列因素的偏差平方和可表示为：

$$S_j = \sum_{i=1}^{r} n_i \left(\overline{y_{io}} - \overline{y}\right)^2$$

式中　$(\overline{y_{io}} - \overline{y})$——某因素的 i 水平的效应；

$\overline{y_{io}}$ 某因素取 i 水平，其他因素取平均水平时，试验指标的均值，由正交试

验分析中可以得出：

$$\overline{y_{io}}=\frac{K_i}{n_i}$$

r——因素的水平数；

n_i——各水平的重复试验次数；

j——正交表列号，表示因素所在列。

于是正交试验各列因素的偏差平方和又可表示为

$$S_j=\sum_{i=1}^{r}n_i\left(\frac{K_i}{n_i}-\bar{y}\right)^2 \tag{4-10}$$

式中

$$\bar{y}=\frac{1}{n}\sum_{g=1}y_g(g=1,2,\cdots,n)$$

式中　n——正交表的试验号数；

y_g——试验指标值（即正交表试验指标栏下的数值）。

总偏差平方和为

$$S_{总}=\sum_{g=1}^{n}(y_g-\bar{y})^2 \tag{4-11}$$

下面分别讨论在无交互作用、有交互作用和有重复试验三种情况下各偏差平方和及其自由度的计算方法。

4.2.1　无交互作用情况

在这种情况下，正交表每列都为单因素，因素偏差平方和、总偏差平方和按上述 S_j和 $S_{总}$公式计算。

对于按某一正交表安排试验时，安排因素列可以算出各因素的偏差平方和（包括交互作用），未放因素的列也可按式（4-10）算出各列的偏差平方和，可以证明：

$$S_{总}=S_1+S_2+\cdots+S_l$$

式中　S_1，S_2，…，S_l——正交表上第一列到第 l 列的偏差平方和。又有总的偏差平方和分解式，对比这两个式子可以得出：

$$S_l=\sum S_{空白}$$

式中　$\sum S_{空白}$——各空白列偏差平方和的总和。

因此可以用全部空白列的偏差平方和来估计 S_l。以上 $S_{总}$、S_j 和 S_l 的计算公式不便于计算，通常采用如下公式计算：

$$R=\sum_{g=1}^{n}y_g \tag{4-12}$$

$$P = \frac{1}{n}R^2 \tag{4-13}$$

$$W = \sum_{g=1}^{n} y_g^2 \quad (g = 1, 2, \cdots, n \text{ 为试验号数}) \tag{4-14}$$

$$Q_j = \frac{1}{n_i}(\sum_{i=1}^{r} K_i^2) \quad (i = 1, 2, \cdots, r \text{ 为水平数}) \tag{4-15}$$

式中　K_i——同一水平试验数据之和。

$$S_{总} = W - P \tag{4-16}$$

$$S_{\mathrm{j}} = Q_{\mathrm{j}} - P \tag{4-17}$$

$$S_l = S_{总} - \sum_{j=1}^{l} S_j \tag{4-18}$$

式中　l——排有因素列的数目。

以上计算可在正交表上进行。

自由度的计算

每列因素的偏差平方和 S_j 的自由度等于其水平数减 1，即

$$f_j = r - 1 \tag{4-19}$$

总偏差平方和 $S_{总}$的自由度等于总试验次数减 1，即

$$f_{总} = n - 1 \tag{4-20}$$

$$\text{又因} f_{总} = \sum_{j=1}^{l} f_j + S_l$$

$$\text{故} f_l = f_{总} - \sum_{j=1}^{l} f_j = \sum f_{空白} \tag{4-21}$$

4.2.2　有交互作用的情况

由于交互作用在正交表中占有一列或几列，在方差分析时可以把它当做一个因素来考虑。但交互作用列所占列数随水平数的增加而增加，如二水平交互作用列为 1 列，三水平交互作用列为 2 列，r 水平交互作用列为 $r-1$ 列。因此组成交互作用偏差平方和应等于各交互作用列偏差平方和相加，即

$$S_{A\times B} = \sum_{j=1}^{(r-1)} S_{(A\times B)j} \tag{4-22}$$

式中　r——因素水平数；

$S_{(A\times B)j}$——正交表上代表该两因素交互作用的某一列的偏差平方和（计算方法同因素列一样）。

正交表上每列的自由度都是 $r - 1$ 所以某两因素间一级交互作用的所有自由度为：

$$f_{A\times B}=\sum_{j=1}^{r-1}(r-1)=(r-1)^2 \tag{4-23}$$

二级交互作用的所有自由度为：

$$f_{A\times B\times C}=(r-1)^3 \tag{4-24}$$

以此类推。以上交互作用的自由度计算均是针对水平数相等的正交表而言。

4.2.3 有重复试验的情况

在使用正交表安排试验时，往往会遇到下述两种情况需要做重复试验。

(1) 正交表的各列已被因素和交互作用占满，没有空白列，也没有经验误差参考。这时为了估计误差，一般除选用更大的正交表外，还常采用做重复试验。

(2) 虽然因素和交互作用没有占满正交表的所有列，尚有少数空白列，但由于试验本身的要求，需要做重复试验。

假设试验重复 m 次，以 y_{gk} 表示第 g 号试验第 k 次重复试验数据，以 y 为表示第 g 号试验重复 m 次的试验数据之和。即

$$y_g=y_{g1}+y_{g2}+\cdots+y_{gk}+\cdots+y_{gm}=\sum_{k=1}^{m}y_{gk}$$

其平均值 $\overline{y_g}$ 为

$$\overline{y_g}=\frac{1}{m}\sum_{k=1}^{m}y_{gk}$$

若试验共有 n 个试验号，则总平均值 $\bar{y}$ 为

$$\begin{aligned}\bar{y}&=\frac{1}{n}\sum_{g=1}^{n}\overline{y_g}\\&=\frac{1}{nm}\sum_{g=1}^{n}\sum_{k=1}^{m}y_{gk}\end{aligned}$$

那么总偏差平方和 $S_{总}$ 为

$$S_{总}=\sum_{g=1}^{n}\sum_{k=1}^{m}(y_{gk}-\bar{y})^2 \tag{4-25}$$

显然，同一号试验的 m 个重复试验数据之间的差异就是试验误差，于是有

$$S_{e2}=\sum_{g=1}^{n}\sum_{k=1}^{m}(y_{gk}-\overline{y_g})^2 \tag{4-26}$$

反映了误差对试验指标的影响，我们称为第二类偏差，以 S_{e2} 记之，其自由度为 $(m-1)$。对空白列计算的误差偏差平方和，我们称为第一类偏差，记成 S_{e1} 由于 S_{e1} 和 S_{e2} 都是误差的估计值，为了提高精度，可把两类偏差合并起来，作为误差的估计，记成 S_e 则有

$$S_e = S_{e1} + S_{e2} \tag{4-27}$$

同样 S_e 的自由度 f_e 为

$$f_e = f_{e1} + f_{e2} \tag{4-28}$$

空白列的偏差平方和的计算和正交表上因素所占列的偏差平方和的计算方法一样。设正交表某列（j 列）有 r 个水平，每个水平有 n_i 个试验号（显然 $r_{ni} = n$），该列同水平的均值为 k_1，k_2，…，k_r，则该列的偏差平方和为

$$S_j = n_i m \sum_{i=1}^{r} \left(\frac{K_i}{n_i} - \bar{y} \right)^2 \tag{4-29}$$

相应的自由度 f_j 为

$$f_j = r - 1 \tag{4-30}$$

以上几个公式计算很不方便，通常采用如下计算公式：

$$R = \sum_{g=1}^{n} \sum_{k=1}^{m} y_{gk} \tag{4-31}$$

$$P = \frac{1}{mn} R^2 \tag{4-32}$$

$$W = \sum_{g=1}^{n} \sum_{k=1}^{m} y_{gk}^2 \tag{4-33}$$

$$T = \frac{1}{m} \sum_{g=1}^{n} y_g^2 \tag{4-34}$$

$$Q_j = \frac{1}{n_i m} \sum_{i=1}^{r} K_i^2 (i = 1,\ 2,\ \cdots,\ r \text{ 为水平数}) \tag{4-35}$$

则有：

$$S_{e2} = W - T \tag{4-36}$$

$$S_{总} = W - P \tag{4-37}$$

$$S_j = Q_j - P \tag{4-38}$$

式中　n——正交表试验号的总个数；

m——每号试验重复试验的次数；

y_g——第 g 号试验重复 m 次试验数据之和；

n_i——第 i 水平所在试验号的个数；

k_i——j 列第 i 水平试验数据之和；

y_{gk}——第 g 号第 k 次重复试验数据。

正交试验的 F 比和显著性检验与单因素和双因素试验的方法相同，不再重述。下面举一实例。

某农药厂为提高某种农药收率的试验。这个实例在第一章已做过极差分析，现再作方差分析。这是一个四因素二水平试验，考虑一级交互作用 $A \times B$ 、$A \times C$、

$B \times C$，选用 $L_8(2^7)$ 正交表。试验结果及计算如表 4-4。

表 4-4 试验结果与计算分析表

试验号 \ 因素	A 1	B 2	A×B 3	C 4	A×C 5	B×C 6	D 7	试验结果 y_g	简化数据 $y_{g'}$
1	1	1	1	1	1	1	1	86	-4
2	1	1	1	2	2	2	2	95	5
3	1	2	2	1	1	2	2	91	1
4	1	2	2	2	2	1	1	94	4
5	2	1	2	1	2	1	2	91	1
6	2	1	2	2	1	2	1	96	6
7	2	2	1	1	2	2	1	83	-7
8	2	2	1	2	1	1	2	88	-2
K_1	6	8	-8	-9	1	-1	-1	724 $\overline{y_g} = 90.5$	4 $\overline{y_{g'}} = 0.5$
K_2	-2	-4	12	13	3	5	5	$P = \frac{1}{8} \times 4^2 = 2$	
Q_j	10	20	52	62.5	2.5	6.5	6.5		
S_j	8	18	50	60.5	0.5	4.5	4.5	$W = \sum_{g=1}^{8} y_{g'}^2 = 148$	

本试验是有交互作用，没有进行重复试验，正交表的试验号数 $n=8$，水平数 $r=2$，每个水平所占试验号个数

$n_i=4$，因此（用简化数据计算）有：

$$R = \sum_{g=1}^{8} y_g^{'} = 4$$

$$P = \frac{1}{8} \times 4^2 = 2$$

$$W = \sum_{g=1}^{8} y_g^{'2} = 148$$

$$\overline{y_g}' = \frac{1}{n} R = 0.5$$

以上计算在表 4-4 右下角。

$$Q_j = \frac{1}{n_i} \sum_{i=1}^{r} K_i^2$$

其中 K_i 为 j 列 i 水平所对应的试验数据之和。本试验各 K_i 列值的计算结果放在表 4-5 各列的下面。因此有

$$Q_A = \frac{1}{4} \sum_{i=1}^{2} K_i^2 = \frac{1}{4}(6^2 + (-2)^2) = 10$$

$$Q_B = \frac{1}{4}\sum_{i=1}^{2} K_i^2 = \frac{1}{4}(8^2 + (-4)^2) = 20$$

$$Q_{A\times B} = \frac{1}{4}[(-8)^2 + 12^2] = \frac{208}{4} = 52$$

对 Q_C、$Q_{A\times C}$、$Q_{B\times C}$、Q_D 就不一一计算了，所有 Q 值都列在表 4-4 相应的各列下边。

有了以上计算数值，用 $S_j = Q_j - P$ 和 $S_{总} = W - P$ 计算公式即可算出各列偏差平方和及总偏差平方和。

$$S_{总} = W - P = 148 - 2 = 146$$
$$S_A = Q_A - P = 10 - 2 = 8$$
$$S_B = Q_B - P = 20 - 2 = 18$$
$$S_{A\times B} = Q_{A\times B} - P = 52 - 2 = 50$$

其余不一一计算。全部 S_j 列在表 4-4 最下边一行。

自由度的计算：

因正交表各列偏差平方和的自由度相等，且等于水平数减 1，即 $f_j = r - 1$，因此

$$f_A = f_B = f_{A\times B} = f_C = f_{A\times C} = f_{B\times C} = f_D = r - 1$$
$$= 2 - 1 = 1$$
$$f_{总} = n - 1 = 8 - 1 = 7$$

从表 4-4 看出正交表所有列都被因素和交互作用占满，没有空白列。那么对误差如何估计呢？从 S_j 的计算看出 $S_{A\times C}$ 很小，说明 $A\times C$ 交互作用对指标的影响与其他因素和交互作用比很小，可用 $S_{A\times C}$ 作为误差的估计。

在作 F 检验时，除了 $S_{A\times C}$ 很小外，$S_{B\times C}$ 和 S_D 也比较小，为了提高精度可将 $S_{A\times C}$、$S_{B\times C}$ 和 S_D 合并起来作为误差的估计。因此可不必选更大的表，或做重复试验。列方差分析表如表 4-5 所示。

表 4-5　方差分析

方差来源	平方和	自由度	均方	F	临界值
A	8	1	8	2.52	
B	18	1	18	5.68	
A×B	50	1	50	15.77	
C	60.5	1	60.5	19.1	$F_{0.05} = 10.1$
A×C	0.5	1			$F_{0.01} = 34.1$
B×C	4.5	1			$F_{0.10} = 5.54$
D	4.5	1	3.17		
总和	146	7			

从方差分析表看出 $F_c = 19.1 \geqslant F_{0.05}(1,\ 3)$，$F_{A\times B} = 15.77 \geqslant F_{0.05}(1,\ 3) =$

10.1，因此因素 C 和 A×B 交互作用对指标影响显著。作出这个判断的可信度为 95%。

$F_B = 5.68 \geqslant F_{0.10}(1,\ 3) = 5.54$，因此因素 B 对指标的影响有一定显著，这个判断可信度为 90%。通过分析得出影响试验指标的主次因素顺序是 C、B、A、D。在确定最佳组合条件时，由于 $A \times B$ 交互作用对试验指标影响显著，就不能不考虑它的作用。为此应列出 A、B 因素交互作用搭配表（表 4-6）。

表 4-6　交互作用搭配

B \ A	A_1	A_2
B_1	$\frac{1}{2}(86+95)=90.5$	$\frac{1}{2}(91+96)=93.5$
B_2	$\frac{1}{2}(91+94)=92.5$	$\frac{1}{2}(83+88)=85.5$

本试验希望指标值越高越好，从搭配表可见 A、B 之间最好搭配是 A_2B_1，因此 A、B 因素的较优水平为 A_2、B_1。对 C 因素的较优水平从表 4-4 中可知 C_2 为最佳。对 D 因素，因其对指标的影响可忽略，因此 D 因素选 D_1 或 D_2 均可，可视生产条件和生产成本而决定。

4.3　不等水平正交试验的方差分析

上一节讨论的正交试验的方差分析是各因素水平数都相同的情况，在试验中还有各因素水平数不等的情况。处理这类问题常采用并列法和拟水平法。其设计方法和极差分析在第一章中已经讨论过，但用极差分析法对不同水平试验鉴别因素的主次，较之对同水平试验的鉴别，显得不够准确，因此用方差分析法作判断为好。这节就讨论对不同水平试验的方差分析。

4.3.1　混合型正交表试验的方差分析

例 4-2　为减少玉米收获机械损失，对其摘穗装置进行试验研究。考察的因素和水平如表 4-7 所示。这个例子同例 1-3。

这是一个水平数不等的因素试验，其中摘穗辊的转速需要重点考察，取四水平，其余因素取二水平。试验选用 $L_8(4 \times 2^4)$ 混合型正交表，安排试验方案。其试验结果列在表 4-7 中。

表 4-7　因素水平

水平＼因素	A 摘穗辊转速（r/min）	B 辊倾角	C 喂送速度（m/s）
1	700	40°	1.6
2	650	35°	1.8
3	600		
4	750		

不同水平正交试验的方差分析，在方法上与水平数相同的正交试验的方差分析，没有什么本质区别。各偏差平方和的计算仍可按式（4-30）、式（4-31）或式（4-36）至式（4-38）来计算。只是在算各列因素的偏差平方和按式（4-30）：

$$S_j = \sum_{i=1}^{r} n_i\left(\frac{K_i}{n_i} - \bar{y}\right)^2$$

$$\text{又 } S_j = \frac{1}{n_i}\left(\sum_{i=1}^{r} K_i^2\right) - \frac{1}{n}\left(\sum_{i=1}^{n} y_i\right)^2$$

式中 r 是正交表中某列水平数。等水平正交表各列水平数相同，混合型正交表各列水平数不全等；n_i 是正交表中某列水平所对应的试验号数。在等水平正交表中各列 n_i 相等，混合型正交表中各列 n_i 不全相等。掌握住式（4-30）中各符号的意义与 r、n_i 在等水平与不等水平正交表中的差异情况，各列的偏差平方和就容易算出了。

第 1 列 $r=4$，$n_i=2$，于是放在第 1 列上的 A 因素的偏差平方和

$$S_A = \frac{K_1^2 + K_2^2 + K_3^2 + K_4^2}{2} - \frac{1}{8}\left(\sum_{i=1}^{8} y_i\right)^2$$

$$= \frac{0.31^2 + 0.56^2 + 0.75^2 + 0.19^2}{2} - \frac{1}{8}(1.81)^2$$

$$= 0.0946375$$

其他列的 $r=2$，$n_i=4$，其他列的偏差平方和为

$$S_j = \frac{K_1^2 + K_2^2}{4} - \frac{1}{8}\left(\sum_{i=1}^{n} y_i\right)^2$$

计算结果列在表 4-8 上。

自由度的计算也要注意各列水平的不同情况，$f_1 = 3$，$f_2 \sim f_5 = 1$。方差分析表如下：

从方差分析表可以看出：A 因素即摘穗辊的转速对机械损失率影响最显著，

其次是喂入速度，而摘穗辊的倾角对指标影响很小。这个判断大概有 99%的把握。最优组合条件从表 4-8 各因素的值 K 可得出，为 $A_4B_2C_1$。

表 4-8 L_8（4×2^4）试验方案及结果分析

因素 试验号	A 摘辊转速 （r/min） 1	B 辊倾角 2	C 喂送速度 3	4	5	试验结果 （损失率%） y_g
1	1（700）	1（40°）	1（1.6）	1	1	0.14
2	1	2（50°）	2（1.8）	2	2	0.17
3	2（650）	1	1	2	2	0.25
4	2	2	2	1	1	0.31
5	3（600）	1	2	1	2	0.41
6	3	2	1	2	1	0.34
7	4	1	1	2	1	0.11
8	4（750）	2	2	1	2	0.08
K_1 K_2 K_3 K_4	0.31 0.56 0.75 0.19	0.91 0.90	0.81 1.0	0.94 0.87	0.9 0.91	$R=\sum_{g=1}^{n}y_g=1.81$ $P=\frac{1}{n}R^2=0.4095125$ $W=\sum_{g=1}^{n}y_g^2=0.5093$
Q_j S_j	0.50415 0.0946375	0.40953 0.0000125	0.414 0.004513	0.41013 0.0006125	0.40953 0.0000125	$S_{总}=W-P=0.0997875$ 因素的主次顺序 A、C、D、B
计算分析优水平	A_4	B_2	C_1			

方差来源	平方和	自由度	均方	F	临界值
A	0.0946375	3	0.031545	102.99**	$F_{0.01}(3,2)=99.2$ $F_{0.05}(1,2)=10.1$
B	0.0000125	1	0.0000125	0.0408	
C	0.004513	1	0.004513	14.612*	
误差	0.000625	2	0.0003125		
总和	0.0997875	7			

4.3.2 拟水平法正交试验的方差分析

例 4-3 同例 1-4。东方红-75 拖拉机配 1LD-35 悬挂犁机组试验，试验指标为最大耕深。因素水平如表 4-9 所示。

表 4-9　因素水平

水平＼因素	A 犁铧情况	B 下悬挂点高度（mm）	C 上悬挂点高度（mm）
1	锐铧	500	1 565
2	钝铧	575	1 492
3	（锐铧）	650	1 419

这是 1 个二水平，2 个三水平的三因素不等水平试验问题。试验采用了拟水平法正交试验，选用 L_9（3^4）表，其试验方案和试验结果如表 4-10 所示。现对这试验进行方差分析。

表 4-10　拟水平法试验方案及试验结果

试验号＼列号＼因素	A 犁铧状况 1	B 下悬挂点高度 （mm） 2	C 上悬挂点高度 （mm） 3	4	试验结果 y_g
1	1（锐）	1（500）	1（1 565）	1	28.4
2	1	2（575）	2（1 492）	2	30.0
3	1	3（650）	3（1 419）	3	31.9
4	2（钝）	1	2	3	24.4
5	2	2	3	1	28.1
6	2	3	1	2	27.5
7	3（锐）	1	3	2	28.4
8	3	2	1	3	26.0
9	3	3	2	1	31.6
K_1	176.3（90.3）	81.2	81.9	88.1	$R=\sum_{g=1}^{n}y_g=256.3$
K_2	80.0	84.1	86.0	85.9	$W=\sum_{g=1}^{n}y_g^2=7\ 346.51$ $S_{总}=W-P=47.66$
K_3	（86.0）	91.0	88.4	82.3	$P=\frac{1}{n}R^2=7\ 298.85$
Q_j	7 313.6 （7 316.7）	7 315.75	7 306.05	7 304.57	
S_j	14.75 （17.85）	16.9	5.2	5.72	

显然 $S_{总}$、S_B、S_C、S_A的计算方法与等水平的正交试验的各偏差平方和的计算法完全相同。只是有拟水平的 A 因素的偏差平方和的计算，要注意拟水平的

特点。从表 4-9 可以看出，A 因素所在的第一列一水平和三水平都是锐铧状况，在试验中因素实际上还是 2 个水平，只是这 2 个水平各自的重复试验次数不同。注意到这个特点后，仍可用式（4-30）计算因素的偏差平方和

$$S_A = \sum_{i=1}^{r} n_i \left(\frac{K_i}{n_i} - \bar{y}\right)^2$$

对 A 因素来说，因素的水平数 $r=2$，因素一水平重复的试验次数 $n_1=6$，因素 2 水平重复的试验次数 $n_2=3$。于是 S_A 又可写成：

$$S_A = \left(\frac{K_1^2}{A_1} + \frac{K_2^2}{A_2}\right) - \frac{1}{n}\left(\sum_{i=1}^{n} y_i\right)^2$$

$$= \left(\frac{K_1^2}{6} + \frac{K_2^2}{3}\right) - \frac{1}{n}\left(\sum_{i=1}^{n} y_i\right)^2$$

$$= \frac{(176.3)^2}{6} + \frac{80^2}{3} - 7298.85 = 14.75$$

各偏差平方和的计算结果列在表 4-10 中。其误差的偏差平方和

$$S_{误} = S_{总} - S_A - S_B - S_C = 47.66 - 14.75 - 16.9 - 7.2 = 8.82$$

$$f_{误} = f_{总} - f_A - f_B - f_C = 8 - 1 - 2 - 2 = 3$$

本例无重复试验，因此 $S_{误}$ 也可由 $S_{空白}$ 来定，但 $S_{空白}=5.72 \neq S_{误}$ 说明还存在试验误差或由于田间试验必不可免的干扰问题未能加以控制而造成。

其方差分析表如表 4-11 所示。

表 4-11　方差分析表

方差来源	平方和	自由度	均方	F	临界值
A	14.75	1	14.75	5.069	
B	16.9	2	8.45	2.904	$F_{0.1}(1,3)=5.54$
C	5.2	2	3.6	1.237	$F_{0.1}(2,3)=5.46$
误差	8.82	3	2.94		
总和	47.66	8			

可以看出 A、B、C 因素在 $\alpha=0.1$ 信度下仍然不显著，这说明试验误差很大。本例用极差分析得出较优组合是 $B_3A_1C_3$，这是在没能分开试验误差影响的情况下得到的，所以只能作分析参考。在这里可以看出极差分析的缺点。

4.4　思考题

1. 为考察小麦播种深度对出苗率的影响，在一块试验地的 2 个小区内进行

了试验，播种深度有四种，每种深度重复 3 个小区，试验指标为出苗率，试验数据如下表，试用方差分析的方法判断小麦的播种深度对出苗率的影响程度。

试验号 \ 水平	A_1 2.5cm	A_2 5.0cm	A_3 5.5cm	A_4 10.0cm
1	68.9	71.1	60.0	55.3
2	51.1	88.9	55.6	57.8
3	62.4	80.0	57.8	60.0
平均值	60.8	80.0	57.8	55.1

2. 用方差分析对下表中的数据进行分析，判断 A、B、C 三因素及它们的交互作用项对试验指标 C_V 的影响程度。

试验号 \ 因素	1 A	2 B	3 $A\times B$	4 C	5 $A\times C$	6 $B\times C$	7	C_V (%)
1	1	1	1	1	1	1	1	18.81
2	1	1	1	2	2	2	2	19.122
3	1	2	2	1	1	2	2	18.755
4	1	2	2	2	2	1	1	19.263
5	2	1	2	1	2	1	2	19.295
6	2	1	2	2	1	2	1	18.895
7	2	2	1	1	2	2	1	19.466
8	2	2	1	2	1	1	2	19.623

5 回归设计

5.1 回归设计的基本概念

前面讨论的试验设计问题主要是判断因子的显著性，找出各因子水平的最佳组合。另一类试验设计问题需要寻找试验指标与各因子间的定量规律。回归设计（也称为响应曲面设计）是在多元线性回归的基础上主动收集数据并获得具有较好性质的回归方程的一种试验设计方法。它是由英国统计学家 G. Box 在 50 年代初针对化工生产中的实际问题提出的，之后又成功地用于钢铁、机械、制药、农业等部门，如今这一方法在英美等西方国家使用相当广泛。

本章主要介绍 Box 的回归设计方法及其应用，并假定读者已具有多元线性回归分析的基础知识。本章 5.1.2 中列出了回归分析中的主要公式，以便符号上的统一。

5.1.1 多项式回归

在一些试验中希望建立指标 y 与各定量因子 z_1，z_2，…，z_p 间相关关系的定量表达式，即回归方程，以便通过该回归方程找出使指标满足要求的各因子的范围。譬如在炼钢时，如何控制钢水中碳的含量（z_1），冶炼温度（z_2），…使钢材的强度（y）达到质量要求？

由于建立回归方程是对定量因子进行的，因此所涉及的因子 z_1，z_2，…，z_p 都是定量的，也称变量。这与正交设计不同，在正交设计中定量的和定性的因子都可使用。

由于在生产过程中，除了要控制的 z_1，z_2，…，z_p 外，还存在一些不可控制的随机因素，从而在 z_1，z_2，…，z_p 不变的情况下，指标 y 也不完全相同，它是一个随机变量，可以假定 y 与 z_1，z_2，…，z_p 间有如下关系：

$$y = f(z_1, z_2, \cdots, z_p) + \varepsilon$$

这里 $f(z_1, z_2, \cdots, z_p)$ 是 z_1，z_2，…，z_p 的一个函数，常称为响应函数，其图形也称为响应曲面；ε 是随机误差，通常假定它服从均值为 0，方差为 σ^2 的正态分布。

在上述假定下，$f(z_1, z_2, \cdots, z_p)$ 可以看作为在给定 z_1，z_2，…，z_p 后指标的均值，即

$$E(y)=f(z_1, z_2, \cdots, z_p)$$

在下面讨论的设计中，我们称 z_1，z_2，…，z_p 为因子（或自变量），称 $z=(z_1, z_2, \cdots, z_p)'$ 的可能取值的空间为因子空间。我们的任务便是从因子空间中寻找一个点 $z^0=(z_1^0, z_2^0, \cdots, z_p^0)'$ 使 $E(y)$ 满足质量要求。

当 f 的函数形式已知时，可以通过最优化的方法去寻找 z_0。然而在许多情况下 f 的形式并不知道，这时常常用一个多项式去逼近它，即假定：

$$y=\beta_0+\sum_j \beta_j z_j+\sum_j \beta_{jj} z_j^2+\sum_{i<j} \beta_{ij} z_i z_j+\cdots+\varepsilon \tag{5-1}$$

这里 β_0，β_j，β_{jj}，β_{ij}，… 为未知参数，也称为回归系数，通常需要通过收集到的数据对它们进行估计。

若用 b_0，b_j，b_{jj}，b_{ij}，… 表示相应的估计，则称

$$\hat{y}=b_0+\sum_j b_j z_j+\sum_j b_{jj} z_j^2+\sum_{i<j} b_{ij} z_i z_j+\cdots \tag{5-2}$$

为 y 关于 z_1，z_2，…，z_p 的多项式回归方程。

在实际中常用的是如下的一次与二次回归方程（也称一阶与二阶模型）：

$$\hat{y}=b_0+\sum_j b_j z_j \tag{5-3}$$

$$\hat{y}=b_0+\sum_j b_j z_j+\sum_j b_{jj} z_j^2+\sum_{i<j} b_{ij} z_i z_j \tag{5-4}$$

一般 p 个自变量的 d 次回归方程的系数个数为 $\begin{pmatrix} p+d \\ d \end{pmatrix}$，如果 $d=2$，那么系数个数为 $\begin{pmatrix} p+2 \\ 2 \end{pmatrix}$，假定又有 $p=3$，则系数个数为 $\begin{pmatrix} 3+2 \\ 2 \end{pmatrix}=10$。

5.1.2 多元线性回归

式（5-1）是一个多项式回归模型，在对变量作了变换并重新命名后也可以看成是一个多元线性回归模型。譬如对 $p=2$ 的二次回归模型：

$$y=\beta_0+\beta_1 z_1+\beta_2 z_2+\beta_{11} z_1^2+\beta_{22} z_2^2+\beta_{12} z_1 z_2+\varepsilon$$

只要令 $x_1=z_1$，$x_2=z_2$，$x_3=z_1^2$，$x_4=z_2^2$，$x_5=z_1 z_2$，就变成了五元线性回归模型。

5.1.2.1 回归模型

设所收集到的 n 组数据为

$$(x_{i1}, x_{i2}, \cdots, x_{ip}, y_i) \qquad i=1, 2, \cdots, n$$

假定回归模型为：

$$\begin{cases} y_i=\beta_0+\beta_1 x_{i1}+\cdots+\beta_p x_{ip}+\varepsilon_i, \ i=1, 2, \cdots, n \\ \varepsilon_i iid \sim N(0, \sigma^2) \end{cases} \tag{5-5}$$

记随机变量的观察向量为：　$Y=\begin{pmatrix} y_1 \\ y_2 \\ \vdots \\ y_n \end{pmatrix}$

未知参数向量为：　$\beta=\begin{pmatrix} \beta_0 \\ \beta_1 \\ \vdots \\ \beta_p \end{pmatrix}$

不可观察的随机误差向量为：$\varepsilon=\begin{pmatrix} \varepsilon_1 \\ \varepsilon_2 \\ \vdots \\ \varepsilon_n \end{pmatrix}$

结构矩阵：　$X=\begin{pmatrix} 1 & x_{11} & \cdots & x_{1p} \\ 1 & x_{21} & \cdots & x_{2p} \\ \vdots & \vdots & \cdots & \vdots \\ 1 & x_{n1} & \cdots & x_{np} \end{pmatrix}$

那么上述模型可以表示为：

$$\begin{cases} Y=X\beta+\varepsilon \\ \varepsilon \sim N_n(0,\ \sigma^2 I_n) \end{cases} \quad \text{或} \quad Y \sim N_n(X\beta,\ \sigma^2 I_n) \tag{5-6}$$

其中 0 是 $n\times 1$ 的元素全是 0 的向量。

5.1.2.2　回归系数的最小二乘估计

估计回归模型中回归系数的方法是最小二乘法。记回归系数的最小二乘估计（LSE）为 $b=(b_0,\ b_1,\ \cdots,\ b_p)'$，应满足如下正规方程组：

$$X'Xb=X'Y \tag{5-7}$$

当 $(X'X)^{-1}$ 存在时，最小二乘估计为

$$b=(X'X)^{-1}X'Y \tag{5-8}$$

在求得了最小二乘估计后，可以写出回归方程：

$$\hat{y}=b_0+b_1x_1+\cdots+b_px_p$$

今后称 $A=X'X$ 为正规方程组的系数矩阵，$B=X'Y$ 为正规方程组的常数项向量，$C=(X'X)^{-1}$ 为相关矩阵。

在模型（5-5）下，有

$$b \sim N(\beta,\ \sigma^2 (X'X)^{-1}) \tag{5-9}$$

若记 $C=(X'X)^{-1}=(c_{ij})$，那么：

$$b_j \sim N(\beta_j,\ c_{jj}\sigma^2),\quad j = 0,\ 1,\ 2,\ \cdots,\ p \tag{5-10}$$

在通常的回归分析中，由于 $C = (X'X)^{-1}$ 非对角阵，所以各回归系数间是相关的：

$$Cov(b_i,\ b_j) = c_{ij}\sigma^2 \tag{5-11}$$

5.1.2.3　对回归方程的显著性检验

对回归方程的显著性检验是指检验如下假设：

$$H_0:\beta_1 = \beta_2 = \cdots = \beta_p = 0$$

$$H_1:\beta_1,\ \beta_2,\ \cdots\beta_p\quad \text{不全为 } 0$$

检验方法是作方差分析。

记 $\hat{y}_i = b_0 + b_1x_{i1} + \cdots + b_px_{ip}$，$i = 1,\ 2,\ \cdots,\ n$，则有平方和分解式

$$S_T = \sum_{i=1}^{n}(y_i - \bar{y})^2 = \sum_{i=1}^{n}(y_i - \hat{y}_i)^2 + \sum_{i=1}^{n}(\hat{y}_i - \bar{y})^2 = S_E + S_R \tag{5-12}$$

其中：

$S_E = \sum_{i=1}^{n}(y_i - \hat{y}_i)^2$ 为残差平方和，自由度为 $f_E = n - p - 1$

$S_R = \sum_{i=1}^{n}(\hat{y}_i - \bar{y})^2$ 为回归平方和，自由度为 $f_R = p$

当 H_0 为真时，有

$$F = \frac{S_R/f_R}{S_E/f_E} \sim F(f_R,\ f_E) = F(p,\ n - p - 1) \tag{5-13}$$

对于给定的显著性水平 α，拒绝域为 $F > F_{1-\alpha}(p,\ n - p - 1)$。

若记 $p+1$ 维向量 $X'Y = B = (B_j)$，那么

$$S_E = \sum_{i}(y_i - \hat{y}_i)^2 = \sum_{i=1}^{n}y_i^2 - b_0B_0 - b_1B_1 - \cdots - b_pB_p \tag{5-14}$$

$$S_R = \sum(\hat{y}_i - \bar{y})^2 = S_T - S_E \tag{5-15}$$

5.1.2.4　失拟检验

当在某些点 $(x_{i1},\ x_{i2},\ \cdots,\ x_{ip})$，$i = 1,\ 2,\ \cdots,\ n$ 有重复试验数据的话，可以在检验回归方程显著性之前，先对 y 的期望是否是 x_1，x_2，$\cdots x_p$ 的线性函数进行检验，这种检验称为失拟检验，它要检验如下假设：

$$H_0:Ey = \beta_0 + \beta_1x_1 + \cdots + \beta_px_p$$

$$H_1:Ey \neq \beta_0 + \beta_1x_1 + \cdots + \beta_px_p$$

当在 $(x_{i1},\ x_{i2},\ \cdots,\ x_{ip})$ 上有重复试验或观察时，将数据记为

$$(x_{i1},\ x_{i2},\ \cdots,\ x_{ip},\ x_{ij})\qquad j = 1,\ 2,\ \cdots,\ m_i\qquad i = 1,\ 2,\ \cdots,\ n$$

其中至少有一个 $m_i \geq 2$，记 $N = \sum_{i=1}^{n} m_i$ 。此时残差平方和可进一步分解为组内平方和与组间平方和，其中组内平方和就是误差平方和，记为 S_e ，组间平方和称为失拟平方和，记为 S_{Lf} ，即：

$$S_E = S_e + S_{Lf} \tag{5-16}$$

其中：

$$S_e = \sum_{i=1}^{n}\sum_{j=1}^{m_i}(y_{ij} - \bar{y}_i)^2 \qquad f_e = \sum(m_i - 1) = N - n$$

$$\bar{y}_i = \frac{1}{m_i}\sum_{j=1}^{m_i} y_{ij} \tag{5-17}$$

$$S_{Lf} = \sum_{i=1}^{n} m_i(\bar{y}_i - \hat{y}_i)^2 \qquad f_{Lf} = n - p - 1 \tag{5-18}$$

检验统计量为

$$F_{Lf} = \frac{S_{Lf}/f_{Lf}}{S_e/f_e} \tag{5-19}$$

在 H_0为真时，$F_{Lf} \sim F(f_{Lf}, f_e)$ ，对于给定的显著性水平，拒绝域为

$$\{F_{Lf} > F_{1-\alpha}(f_{Lf}, f_e)\}$$

当拒绝 H_0时，需要寻找原因，改变模型，否则认为线性回归模型合适，可以将 Se 与 S_{Lf}合并作为 S_E检验方程是否显著。

5.1.2.5　对回归系数的显著性检验

当回归方程显著时，可进一步检验某个回归系数是否为 0，即检验如下假设：

$$H_{0j}: \beta_j = 0 \qquad H_{1j}: \beta \neq 0$$

此种检验应对 $j = 1, 2, \cdots, p$ 逐一进行。

常用的检验方法是 t 检验或等价的 F 检验，F 检验统计量为：

$$F_j = t^2 = \frac{b_j^2/c_{jj}}{\hat{\sigma}^2} \tag{5-20}$$

其中 c_{jj} 是 $(X'X)^{-1}$ 中的第j+1 个对角元。记分子为 S_j ，即 $S_j = b_j^2/c_{jj}$ ，它是因子 x_j 的偏回归平方和，分母 $\hat{\sigma}^2 = S_E/f_E$ 是模型中 σ^2 的无偏估计。$\hat{\sigma} = \sqrt{S_E/f_E}$ ，$\sqrt{c_{jj}}\hat{\sigma}$ 也称为 b_j 的标准误差，即其标准差的估计。

当 H_{0j}为真时，有 $F_j \sim F(1, f_E)$ 。对给定的显著性水平 α ，当 $F_j > F_{1-\alpha}(1, f_E)$ 时拒绝假设 H_{0j}，即认为β_j 显著不为零，否则可以将对应的变量从回归方程中删除。（注：当有不显著的系数时，一般情况下一次只能删除一个 F 值最小的变量，重新计算回归系数，再重新检验。通常要到余下的系数都显著时为止）。

5.1.3 由被动变主动

古典的回归分析方法只是被动地处理已有的试验数据，对试验的安排不提任何要求，对如何提高回归方程的精度研究很少。往往盲目增加试验次数，而这些试验结果还不能提供充分的信息，以致在许多多因子试验中达不到试验目的。有时对模型的合适性也无法检验，因为在被动处理数据时在同一试验点上不一定存在重复试验数据，从而无法检验。

为了适应寻求最佳工艺、最佳配方、建立生产过程的数学模型等的需要，人们就要求以较少的试验次数建立精度较高的回归方程。这就要求摆脱古典回归分析的被动局面，主动把试验的安排、数据的处理和回归方程的精度统一起来考虑，即根据试验目的和数据分析的要求来选择试验点，不仅使得在每一个试验点上获得的数据含有最大的信息，从而减少试验次数，而且使数据的统计分析具有一些较好的性质。这就是 20 世纪 50 年代发展起来的“回归设计”所研究的问题。

根据建立的回归方程的次数不同，回归设计有一次回归设计、二次回归设计、三次回归设计等，根据设计的性质又有正交设计、旋转设计等。本章仅介绍一次回归的正交设计与二次回归的组合设计（包括正交设计与旋转设计）。

5.1.4 因子水平的编码

在回归问题中各因子的量纲不同，其取值的范围也不同，为了数据处理的方便，对所有的因子作一个线性变换，使所有因子的取值范围都转化为中心在原点的一个“立方体”中，这一变换称为对因子水平的编码。方法如下：

设因子 z_j 的取值范围为：

$$z_{1j} \leqslant z_j \leqslant z_{2j},\ j = 1,\ 2,\ \cdots,\ p$$

z_{1j} 与 z_{2j} 分别称为因子 z_j 的下水平与上水平。

其中心是：

$$z_{0j} = (z_{1j} + z_{2j})/2,\ j = 1,\ 2,\ \cdots,\ p$$

也称为零水平，因子的变化半径为：

$$\Delta_j = (z_{2j} - z_{1j})/2,\ j = 1,\ 2,\ \cdots,\ p$$

令

$$x_j = \frac{z_j - z_{0j}}{\Delta_j},\ j = 1,\ 2,\ \cdots,\ p \tag{5-21}$$

此变换式就称为“编码式”。通过此变换后，z_{1j} 对应的编码值为-1，z_{2j} 对应的编码值为 1，z_{0j} 对应的编码值为 0。这样一来不管原来因子的取值范围是什么，

都转化为 [－1，1]，其示意图如图 5-1。

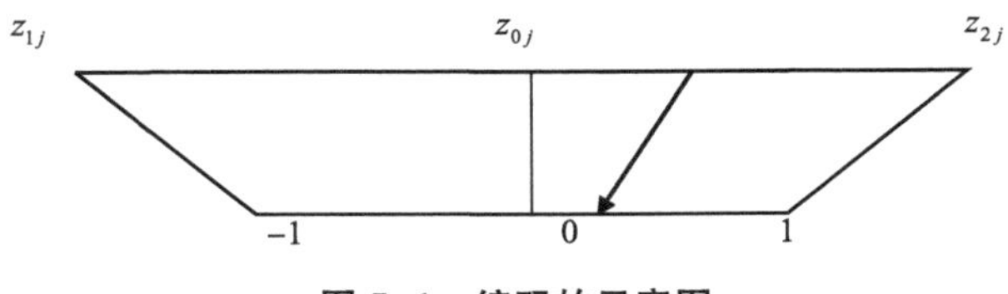

图 5-1　编码的示意图

今后称 $x=(x_1, x_2, \cdots, x_p)'$ 的可能取值的空间为编码空间。我们可以先在编码空间中寻找一个点 $x^0=(x_1^0, x_2^0, \cdots, x_p^0)'$ 使 $E(y)$ 满足质量要求，然后通过编码式寻找到 $z^0=(z_1^0, z_2^0, \cdots, z_p^0)'$。

例 5-1　为提高某橡胶制品的撕裂强度，考察橡胶中某成分的百分比 z_1、树脂成分的百分比 z_2 及改良剂的百分比 z_3 三个因子对其的影响，这三个因子的取值范围分别为：$0 \leqslant z_1 \leqslant 20$，$10 \leqslant z_2 \leqslant 30$，$0.1 \leqslant z_3 \leqslant 0.3$

对其作编码，令

$$x_1=\frac{z_1-10}{10},\ x_2=\frac{z_2-20}{10},\ x_3=\frac{z_3-0.2}{0.1}$$

通过上述变换后，编码空间为中心在原点的立方体，其边长为 2。

在后面我们将会看到，在编码时，有时立方体的边长可以大于 2。

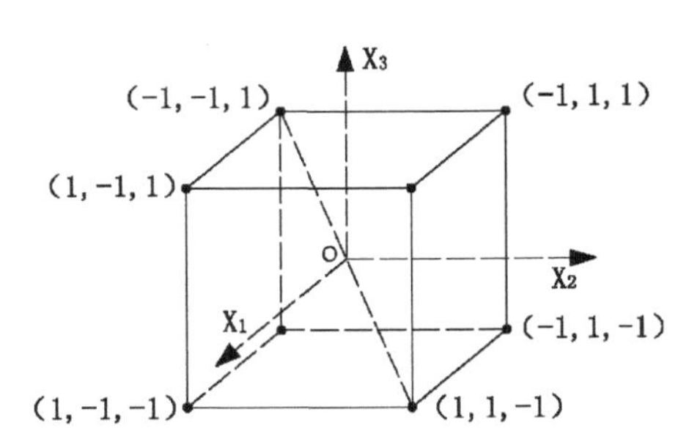

5.2　一次回归正交设计

5.2.1　一次回归正交设计

建立一次回归方程的回归设计方法有多种，这里介绍一种常用的方法，它是利用二水平正交表来安排试验的设计方法。其主要步骤如下。

5.2.1.1　确定因子水平的变化范围

设影响指标 y 的因子有 p 个 z_1，z_2，$\cdots z_p$，希望通过试验建立 y 关于 z_1，z_2，$\cdots z_p$ 的一次回归方程，那么首先要确定每个因子的变化范围，设因子 z_j 的取值范围为：

$$z_{1j} \leqslant z_j \leqslant z_{2j},\ j=1,\ 2,\ \cdots,\ p$$

这里 z_{1j} 与 z_{2j} 分别是因子 z_j 的下水平与上水平。

5.2.1.2　对每一因子的水平进行编码

记因子 z_j 的零水平为

$$z_{0j}=(z_{1j}+z_{2j})/2$$

其变化半径为

$$\Delta_j=(z_{2j}-z_{1j})/2$$

那么采用如下编码式，即

$$x_j=\frac{z_j-z_{0j}}{\Delta_j},\ j=1,\ 2,\ \cdots,\ p$$

对因子的水平进行编码，常列成如下的因子水平编码表（表 5-1）。

表 5-1　因子水平编码

水平	编码值	因　子			
		z_1	z_2	…	z_p
下水平 z_{1j}	-1	z_{11}	z_{12}	…	z_{1p}
上水平 z_{2j}	1	z_{21}	z_{22}	…	z_{2p}
零水平 z_{0j}	0	z_{01}	z_{02}	…	z_{0p}
变化半径 Δ_j		Δ_1	Δ_2	…	Δ_p

5.2.1.3　选择适当的二水平正交表安排试验

在用二水平正交安排试验时，要用“-1”代换通常二水平正交表中的“2”，以适应因子水平编码的需要。这样一来，正交表中的“1”与“-1”不仅表示因子水平的不同状态，也表示了因子水平的数量大小。经过这样的代换后，正交表的交互作用列可以由表中相应列的对应元素相乘得到，从而交互作用列表也不需要了。

表 5-2 就是一张代换后的 L_8（2^7），与原来的正交表没有本质区别，仍然用 L_8（2^7）表示。

表 5-2 L_8（2^7）

试验号 \ 列号	1 x_1	2 x_2	3 x_1x_2	4 x_3	5 x_1x_3	6 x_2x_3	7 $x_1x_2x_3$
1	1	1	1	1	1	1	1
2	1	1	1	−1	−1	−1	−1
3	1	−1	−1	1	1	−1	−1
4	1	−1	−1	−1	−1	1	1
5	−1	1	−1	1	−1	1	−1
6	−1	1	−1	−1	1	−1	1
7	−1	−1	1	1	−1	−1	1
8	−1	−1	1	−1	1	1	−1

表的选择仍然同正交设计一样，既要考虑因子的个数，有时还要考虑交互作用的个数。在改造后的正交表中，若用 x_{ij} 表示第 i 号试验第 j 个因子 x_j 的取值，那么：

$$\sum_{i=1}^{n} x_{ij} = 0,\ j = 1,\ 2,\ \cdots,\ p \tag{5-22}$$

$$\sum_{k=1}^{n} x_{ki}x_{kj} = 0,\ i \neq j,\ i,\ j = 1,\ 2,\ \cdots,\ p \tag{5-23}$$

具有上述性质的设计称为正交设计。

5.2.2 数据分析

在一次回归的正交设计中记第 i 号试验结果为 y_i，$i=1$，2，…，n，此时我们假定的模型是

$$\begin{cases} y_i = \beta_0 \sum_j \beta_j x_{ij} + \varepsilon_i, & i = 1,\ 2,\ \cdots,\ n \\ \text{各 } \varepsilon_i \text{ 相互独立同分布} \sim N(0,\ \sigma^2) \end{cases}$$

我们要建立 y 关于 z_1，z_2，…，z_p 的一次回归方程

$$\hat{y} = b_0 + \sum_j b_j z_j \tag{5-24}$$

这时可用回归分析中的最小二乘估计去估计各个回归系数，并对回归方程及回归系数进行显著性检验，最后给出回归方程。在一次回归的正交设计中有关计算十分简单，可以用列表的方法完成，这里介绍有关的计算公式。

5.2.2.1 求回归系数的估计

用最小二乘估计求回归系数的估计。

结构矩阵

$$X=\begin{pmatrix}1 & x_{11} & \cdots & x_{1p}\\ 1 & x_{21} & \cdots & x_{2p}\\ \vdots & \vdots & \ddots & \vdots\\ 1 & x_{n1} & \cdots & x_{np}\end{pmatrix} \tag{5-25}$$

由于 X 中的元素不是 1 就是-1，所以每列元素的平方和为 n，又考虑到此为正交设计，此时正规方程组的系数矩阵为对角阵：

$$A=X'X=\begin{pmatrix}n & 0 & \cdots & 0\\ 0 & n & \cdots & 0\\ \vdots & \vdots & \ddots & \vdots\\ 0 & 0 & \cdots & n\end{pmatrix}$$

从而

$$C=(X'X)^{-1}=\begin{pmatrix}1/n & 0 & \cdots & 0\\ 0 & 1/n & \cdots & 0\\ \vdots & \vdots & \ddots & \vdots\\ 0 & 0 & \cdots & 1/n\end{pmatrix} \tag{5-26}$$

又记 $B=X'Y=(B_0, B_1, \cdots, B_p)'$，其中：

$$B_0=\sum_{i=1}^{n} y_i=n\bar{y},\quad B_j=\sum_{i=1}^{n} x_{ij}y_i,\quad j=1, 2, \cdots, p$$

那么回归系数的最小二乘估计为

$$b=(X'X)^{-1}X'Y=\begin{pmatrix}\bar{y} & \dfrac{B_1}{n} & \cdots & \dfrac{B_p}{n}\end{pmatrix}'$$

即

$$b_0=\bar{y},\quad b_j=\frac{B_j}{n},\quad j=1, 2, \cdots, n$$

由于 C 是对角阵，所以各回归系数间不相关。这将为回归方程与系数的检验带来方便，并且在删除变量后回归系数不需重新计算。

具体计算可以列表进行（见表 5-3）。

5.2.2.2 回归方程的显著性检验

对回归方程的显著性检验的统计量是

$$F=\frac{S_R/f_R}{S_E/f_E}$$

其中：

$$S_E = \sum_{i=1}^{n} y_i^2 - b_0B_0 - b_1B_1 - \cdots - b_pB_p$$

$$= \sum_{i=1}^{n} y_i^2 - n\bar{y}^2 - b_1B_1 - \cdots - b_pB_p = S_T - b_1B_1 - \cdots - b_pB_p$$

$$f_E = n - p - 1$$

考虑到 $S_E = S_T - S_R$，故

$$S_R = b_1B_1 + b_2B_2 + \cdots + b_pB_p \quad f_R = p$$

具体计算与检验见表 5-3 与表 5-4。

5.2.2.3 回归系数的显著性检验

可以采用（5-20）检验 β_j 是否为零。

$$F_j = \frac{b_j^2/c_{jj}}{\hat{\sigma}^2}$$

其分母是 σ^2 的无偏估计 $\hat{\sigma}^2 = S_E/f_e$

分子是 x_j 的偏回归平方和，记为 S_j，那么

$$S_j = b_j^2/c_{jj} = b_jB_j, \quad j = 1, 2, \cdots, p$$

注意到回归平方和的计算公式，有

$$S_R = S_1 + S_2 + \cdots + S_p$$

具体计算与检验见表 5-3 与表 5-4。

表 5-3 一次回归正交设计的计算

试验号	x_0	x_1	x_2	…	x_p	y
1	1	x_{11}	x_{12}	…	x_{1p}	y_1
2	1	x_{21}	x_{22}	…	x_{2p}	y_2
:	:	:	:	:	:	:
n	1	x_{n1}	x_{n2}	…	x_{np}	y_n
$B_j = \sum_{i=1}^{n} x_{ij}y_j$	B_0	B_1	B_2	…	B_P	$S_T = \sum_{i=1}^{n} y_j^2 - S_0$
$b_j = B_j/n$	b_0	b_1	b_2	…	b_P	$S_R = \sum_{j=1}^{p} S_j$
$S_j = b_jB_j$	S_0	S_1	S_2	…	S_P	$S_E = S_T - S_R$

表 5-4　一次回归正交设计的方差分析

来源	平方和	自由度	均方和	F比
x_1	S_1	1	MS_1	$F_1 = MS_1/MS_E$
x_2	S_2	1	MS_2	$F_2 = MS_2/MS_E$
⋮	⋮	⋮	⋮	
x_p	S_p	1	MS_p	$F_p = MS_p/MS_E$
回归	$S_R = \sum_{j=1}^{p} S_j$	$f_R = p$	$MS_R = S_R/f_R$	
残差	$S_E = S_T - S_R$	$f_E = n - p - 1$	$MS_E = S_E/f_E$	
总和	$S_T = \sum_{i=1}^{n} y_j^2 - S_0$	$f_T = n - 1$		

例 5-2　硝基蒽醌中某物质的含量 y 与以下三个因子有关：

z_1：亚硝酸钠（单位：g）

z_2：大苏打（单位：g）

z_3：反应时间（单位：h）

为提高该物质的含量，需建立 y 关于变量 z_1，z_2，z_3的回归方程。

（1）试验设计

①确定因子取值范围，并对它们的水平进行编码：本例的因子水平编码见表5-5。

表 5-5　因子水平编码表

因子	编码值	z_1	z_2	z_3
上水平	+1	9.0	4.5	3
下水平	-1	5.0	2.5	1
零水平	0	7.0	3.5	2
变化半径 Δ_j		2	1	1

②利用二水平正交表安排试验：本例有三个因子，即 $p=3$，为今后可能需要考察因子间的交互作用方便起见，因此选用 L_8（2^7），将三个因子分别置于第一、二、四列上，从而可得试验计划，并按计划进行试验。试验计划及试验结果见表 5-6。

表 5-6　试验计划及试验结果

试验号	x_1（亚硝酸钠：g）	x_2（大苏打：g）	x_3（反应时间：h）	试验结果 y
1	1（9）	1（4.5）	1（3）	92.35
2	1（9）	1（4.5）	−1（1）	86.10
3	1（9）	−1（2.5）	1（3）	89.58
4	1（9）	−1（2.5）	−1（1）	87.05
5	−1（5）	1（4.5）	1（3）	85.70
6	−1（5）	1（4.5）	−1（1）	83.26
7	−1（5）	−1（2.5）	1（3）	83.95
8	−1（5）	−1（2.5）	−1（1）	83.38

（2）数据分析

本例的计算见表 5-7，有关方程与系数的检验见表 5-8。在本例中 $n=8$。

表 5-7　计算表

试验号	x_0	x_1	x_2	x_3	y
1	1	1	1	1	92.35
2	1	1	1	−1	86.10
3	1	1	−1	1	89.58
4	1	1	−1	−1	87.05
5	1	−1	1	1	85.70
6	1	−1	1	−1	83.26
7	1	−1	−1	1	83.95
8	1	−1	−1	−1	83.38
$B_j = \sum_{i=1}^{n} x_{ij} y_i$	691.37	18.79	3.45	11.79	$S_T = \sum_{j=1}^{n} y_j^2 - S_0$ $=59\ 820.56-59\ 749.06=71.5$
$b_j = B_j/n$	86.42	2.35	0.43	1.47	$S_R = \sum_{j=1}^{p} S_j = 63$
$S_j = b_j B_j$	59 749.06	44.13	1.49	17.38	$S_E = S_T - S_R = 8.50$

表 5-8　对方程与系数检验的方差分析表

来源	平方和	自由度	均方和	F 比
x_1	44.13	1	44.13	20.77
x_2	1.49	1	1.49	0.70
x_3	17.38	1	17.38	8.18
回归	63.00	3	21.00	9.88
残差	8.50	4	2.125	
总和	71.50	7		

根据表 5-7，可以写出 y 关于 x_1，x_2，x_3的回归方程为：

$$\hat{y} = 86.42 + 2.35x_1 + 0.43x_2 + 1.47x_3 \tag{5-27}$$

若取显著性水平为 0.05，有 $F_{0.95}(3, 4) = 6.59$，由于 $F>6.59$，所以上述求得的回归方程是有意义的。

在显著性水平为 0.05 时，$F_{0.95}(1, 4) = 7.71$，由表 5-8 知因子 x_2不显著，其他因子显著。

在正交回归设计中，当某一变量不显著时，可以直接将它删去，此时不会改变其他的回归系数，也不会改变这些变量的偏回归平方和，这是正交回归设计的一个优点。

现在将 x_2从回归方程中删去，最后得各因子均为显著的回归方程是：

$$\hat{y} = 86.42 + 2.35x_1 + 1.47x_3 \tag{5-28}$$

将编码式：$x_1 = \dfrac{z_1 - 7}{2}$，$x_3 = z_3 - 2$

代入式（5-28)，得 y 关于 z_1，z_3的回归方程为：

$$\hat{y} = 86.42 + 2.35 \times \frac{z_1 - 7}{2} + 1.47(z_3 - 2) = 75.255 + 1.175z_1 + 1.47z_3 \tag{5-29}$$

从方程知，当 z_1，z_3增加时，y 也会相应增加。

在本例中残差平方和变成

$$S'_E = S_E + S_2 = 8.50 + 1.49 = 9.99, \quad f'_E = 4 + 1 = 5$$

因此 σ 的估计为 $\hat{\sigma} = \sqrt{9.99/5} = 1.41$。

5.2.3 零水平处的失拟检验

上述用一次回归正交设计方法求得一次回归方程是简单、易行的，但是否能真实反映实际情况呢？由于试验是在各因子的上水平（+1）与下水平（-1）处进行的，虽然模型在这些边界点上拟合得很好，但是在因子编码空间的中心拟合是否也好呢？这可用在零水平处增加若干重复试验，再通过检验来判断。

设在各因子均取零水平时进行了 m 次试验，记其试验结果为 y_{01}，y_{02}，…，y_{0m}，其平均值为 $\bar{y}_0$，其偏差平方和及其自由度为：

$$S_0 = \sum_{j=1}^{m} (y_{0j} - \bar{y}_0)^2 \quad f_0 = m - 1$$

利用在零水平处的重复试验的检验有两种方法。

方法1：

当一次回归模型在整个编码空间上都适宜时，则按一次回归方程应有

$$\hat{y}_0 = b_0 = \bar{y}$$

如今在零水平上进行了m次重复试验，其平均值为$\bar{y}_0$，这相当于存在两个正态分布：

$$\hat{y}_0 = \bar{y} \sim N(\beta_0,\ \sigma^2/n)$$

$$\bar{y}_0 \sim N(\mu_0,\ \sigma^2/m)$$

要检验这两个正态分布的均值是否相等，即检验

$$H_0: \beta_0 = \mu_0,\quad H_1: \beta_0 \neq \mu_0 \tag{5-30}$$

为此可采用t统计量去检验。

由于$\hat{y}_0$与$\bar{y}_0$独立，因此有

$$\hat{y}_0 - \bar{y}_0 \sim N\left(\beta_0 - \mu_0,\ \sigma^2\left(\frac{1}{n} + \frac{1}{m}\right)\right)$$

此外

$$S_E/\sigma^2 \sim \chi^2(f_E) \quad S_0/\sigma^2 \sim \chi^2(f_0)$$

且两者也独立，从而

$$\frac{S_E + S_0}{\sigma^2} \sim \chi^2(f_E + f_0)$$

并且S_E+S_0与$\hat{y}_0-\bar{y}_0$独立。令

$$t = \frac{\hat{y}_0 - \bar{y}_0}{\hat{\sigma}\sqrt{\dfrac{1}{n} + \dfrac{1}{m}}} \tag{5-31}$$

其中：

$$\hat{\sigma} = \sqrt{\frac{S_E + S_0}{f_E + f_0}} \tag{5-32}$$

在$\beta_0 = \mu_0$时，有$t \sim t(f_E + f_0)$

对给定的显著性水平α，当$|t| \leqslant t_{1-\alpha/2}(f_E + f_0)$时认为模型在编码空间的中心也合适，不存在因子的非线性效应，否则需要另外寻找合适的模型，譬如建立二次回归方程，这将在5.3节中介绍。

方法2：

由于在各因子均取零水平时进行了m次重复试验，因此可以采用5.1.2.4中的失拟检验，将$n+m$次试验结果合并在一起进行数据分析，并检验

$$H_0: E(y) = \beta_0 + \sum_j \beta_j x_j$$

$$H_1: E(y) \neq \beta_0 + \sum_j \beta_j x_j$$

采用统计量式（5-19）

$$F_{Lf} = \frac{S_{Lf}/f_{Lf}}{S_e/f_e}$$

对给定的显著性水平 α，当 $F_{Lf} < F_{1-\alpha}(f_{Lf}, f_e)$ 时认为模型合适，否则需要另外寻找合适的模型。

5.2.4 含交互作用的模型

当变量间存在交互作用时，我们可以更一般地考虑建立含两个因子间交互作用的模型，其交互作用用两个因子的编码值的乘积表示，即可假定有如下的回归模型：

$$y = \beta_0 + \sum_{j=1}^{p} \beta_j x_j + \sum_{i<j} \beta_{ij} x_i x_j + \varepsilon$$

只要在回归的一次正交设计中，n 大于 $p + \binom{p}{2} \hat{=} k$ 就可以将其看成是 k 元线性回归，并且这 k 项仍然是相互正交的，因此可以在表 5-3 中加上诸列，按同样的计算便可求得诸回归系数 b_j，b_{ij}，并对它们进行检验。

譬如对例 5-2 来讲，我们可以建立如下回归方程：

$$\hat{y} = b_0 + \sum_{j=1}^{3} \beta_j x_j + \sum_{i<j} b_{ij} x_i x_j$$

系数的估计可以按表 5-9 计算。

表 5-9　系数计算

试验号	x_0	x_1	x_2	x_3	x_1x_2	x_1x_3	x_2x_3	y
1	1	1	1	1	1	1	1	92.35
2	1	1	1	−1	1	−1	−1	86.10
3	1	1	−1	1	−1	1	−1	89.58
4	1	1	−1	−1	−1	−1	1	87.05
5	1	−1	1	1	−1	−1	1	85.70
6	1	−1	1	−1	−1	1	−1	83.26
7	1	−1	−1	1	1	−1	−1	83.95
8	1	−1	−1	−1	1	1	1	83.38
$B_j = \sum_{i=1}^{n} x_{ij} y_j$	691.37	18.79	3.45	11.79	0.19	5.77	5.59	
$b_j = B_j/n$	86.42	2.35	0.43	1.47	0.02	0.72	0.70	
$S_j = b_j B_j$		44.13	1.49	17.38	0.00	4.16	3.91	

对系数与方程的检验见表 5-10。

表 5-10 对系数检验的方差分析

来源	平方和	自由度	均方和	F 比
x_1	44.13	1	44.13	102.62
x_2	1.49	1	1.49	3.47
x_3	17.38	1	17.38	40.42
x_1x_2	0.00	1	0.00	0.00
x_1x_3	4.16	1	4.16	9.67
x_2x_3	3.91	1	3.91	9.09
回归	71.07	6	11.865	
残差	0.43	1	0.43	
总和	71.50	7		

若取显著性水平为 0.10，那么 $F_{0.90}(1, 1) = 39.9$，此时所有交互效应与因子 x_2不显著，结论同上。

5.2.5 快速登高法

我们进行回归设计目的是要寻找最好的条件，但是在开始进行试验时，可能与最优条件相距甚远，此时需要寻找一条试验路径，使指标值很快达到最大（或最小），快速登高法便是这样一种快速向最优点逼近的方法（若要求指标值小的话，也称最速下降法）。

5.2.5.1 快速登高法的基本原理

根据微分学原理，任一多元函数在局部区域内总可以用一个多维平面去近似。利用一次回归正交设计可以建立一次回归方程，此时如果要在编码空间中寻找一个点使指标 y 达到最大（或最小），那么这个点总是位于边界上。当点越出边界后，指标值是否会更大（或更小）呢？为回答这一问题，我们可以采用如下的方法：先在一个小区域上拟合一次回归方程式（5-33）：

$$\hat{y} = b_0 + \sum_{j=1}^{p} b_j x_j \tag{5-33}$$

再从编码空间的中心出发，沿着式（5-33）的“梯度方向”选择若干个试验点进行试验，以便观察指标 y 的变化，从而寻找使 y 达到更大（或更小）的点。这种从编码空间的中心出发，在式（5-33）的梯度方向上安排若干试验点的方法称为快速登高法。

5.2.5.2　梯度方向

上面提到的梯度方向含义如下：一个多元函数 $y = f(x_1, x_2, \cdots, x_p)$ 在点 $(x_1, x_2, \cdots, x_p)'$ 的梯度是一个 p 维向量，其第 j 个分量是 y 关于 x_j 的偏导在该点的值，这一向量所决定的方向便是该点的梯度方向，它是多元函数 y 增长最快的方向。

对式（5-34）来讲，任意一点的梯度方向是 $(b_1, b_2, \cdots, b_p)'$。如果因子间存在交互作用，这时建立的回归方程为：

$$\hat{y} = b_0 + \sum_{j=1}^{p} b_j x_j + \sum_{i<j} b_{ij} x_i x_j \tag{5-34}$$

那么在编码中心（0，0，…，0）的梯度方向仍为 $(b_1, b_2, \cdots, b_p)$。

记因子 z_j 的零水平为 z_{0j}，变化半径为 Δ_j，编码值 x_j 的回归系数为 b_j，沿梯度方向的试验点取为

$$x_j = \frac{z_j - z_{0j}}{\Delta_j} = kb_j \quad k = 1, 2, \cdots, m$$

这里 m 是在梯度方向上进行试验的点数。在因子空间中，$z_j = z_{0j} + kb_j\Delta_j$ 称 $b_j\Delta_j$ 为步长。为实施试验方便，设置一个步长变化系数 d，那么实际试验中的步长变化为 $db_j\Delta_j$，d 的具体确定方法参见例 5-3。快速登高法的具体试验点见表 5-11，其示意图见图 5-2。

表 5-11　快速登高的试验计划

试验号	z_1	z_2	…	z_p
1	$z_{01} + db_1\Delta_1$	$z_{02} + db_2\Delta_2$	…	$z_{0p} + db_p\Delta_p$
2	$z_{01} + 2db_1\Delta_1$	$z_{02} + 2db_2\Delta_2$	…	$z_{0p} + 2db_p\Delta_p$
:	:	:	:	:
m	$z_{01} + mdb_1\Delta_1$	$z_{02} + mdb_2\Delta_2$	…	$z_{0p} + mdb_p\Delta_p$

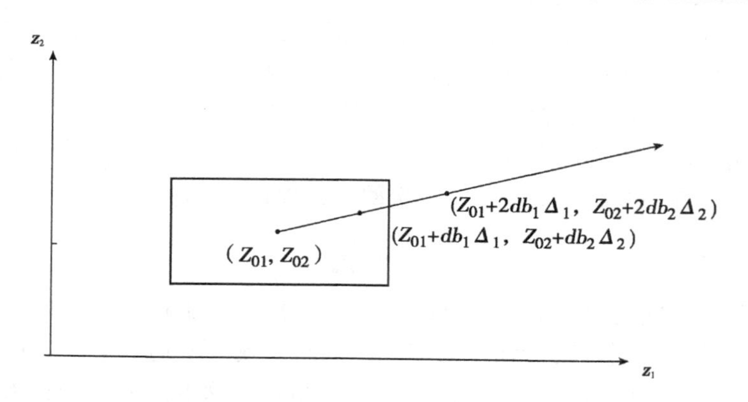

图 5-2　快速登高的示意

例 5-3 一位化学工程师需要确定化工产品收率最大的操作条件。他认为影响收率有两个因子（变量）：反应时间 z_1 与反应温度 z_2，当前的运行条件是 $z_1=35$（分钟），$z_2=155$（℉），而收率约是 40%。试验与分析的步骤如下。

（1）拟合一次回归模型，即建立一次方程：

1）给出两个因子在试验中的变化范围见表 5-12。

表 5-12 因素水平

因子	编码值	z_1	z_2
上水平	+1	40	160
下水平	-1	30	150
零水平	0	35	155
变化半径 Δ_j		5	5

2）用二水平正交表 $L_4(2^3)$ 安排试验，试验方案与结果见表 5-13 和表 5-14。

表 5-13 试验设计与试验结果

试验号	x_1	x_2	y
1	-1	-1	39.3
2	-1	1	40.0
3	1	-1	40.9
4	1	1	41.5

表 5-14 试验设计与试验结果

试验号	x_0	x_1	x_2	y
1	1	-1	-1	39.3
2	1	-1	1	40.0
3	1	1	-1	40.9
4	1	1	1	41.5
$B_j=\sum_{i=1}^{n}x_{ij}y_i$	161.7	3.1	1.3	$S_T=2.8275$
$b_j=B_j/n$	40.425	0.775	0.325	$S_R=2.8250$
$S_j=b_jB_j$		2.4025	0.4225	$S_E=0.0025$

3）建立一次回归方程：

所得一次回归方程为： $\hat{y}=40.425+0.775x_1+0.325x_2$

对回归方程与回归系数作显著性检验的方差分析见表 5-15。

表 5-15 对方程与系数检验的方差分析表

来源	平方和	自由度	均方和	F 比
x_1	2.4025	1	2.4025	961.0
x_2	0.4225	1	0.4225	169.0
回归	2.8250	2	1.4125	565.0
残差	0.0025	1	0.0025	
总和	2.8275	3		

若取 $\alpha=0.05$，那么 $F_{0.95}(2, 1)=200$，所以方程在显著性水平 0.05 上是显著的，又 $F_{0.95}(1, 1)=161$，则两个系数也是显著的。

（2）检验一次方程的合适性

为了了解是否存在因子间的交互作用，是否有因子的高次效应，在中心点进行了 $m=5$ 次试验，结果为：

$$40.3,\ 40.5,\ 40.7,\ 40.2,\ 40.6$$

其平均值为 $\bar{y}_0=40.46$，偏差平方和为：$S_0=\sum_{i=1}^{5}(y_{0i}-\bar{y}_0)^2=0.172$，其自由度 $f_0=4$。

采用方法 1 中的检验统计量式（5-31）检验。

现在 $\hat{y}_0=0.425$，$\bar{y}_0=40.46$，

$$\hat{\sigma}=\sqrt{\frac{S_E+S_0}{f_E+f_0}}=\sqrt{\frac{0.1725}{5}}=0.1857$$

$n=4$，$m=5$，将它们代入式（5-31）后有

$$t=\frac{\hat{y}_0-\bar{y}_0}{\hat{\sigma}\sqrt{\frac{1}{n}+\frac{1}{m}}}=0.281$$

若取 $\alpha=0.05$，那么 $t_{0.975}(5)=2.5706$，由于 $|t|<2.5706$，因此在 0.05 水平认为所得到的一次方程是合适的。

若采用方法 2，我们可以将九个试验结果合并在一起建立方程，用 5.1.2 中的公式，可得到如下方程：

$$\hat{y}=40.444+0.775x_1+0.325x_2$$

此方程的残差平方和为 $S_E=0.1772$，再将它分解为纯误差与失拟两个偏差平方和：

$$S_e=0.1720,\ S_{Lf}=0.0052$$

它们的自由度分别为 4 与 2，作 F 检验得 $F_{Lf}=0.06$，取 $\alpha=0.05$，那么

$F_{0.95}(4, 2) = 19.2$，由于 $F_{Lf}<19.2$，这表明回归函数是线性的，再用残差平方和对方程作检验，得到 $F=47.82$，取 $\alpha=0.05$，那么 $F_{0.95}(2, 6) = 5.14$，由于 $F>5.14$，说明方程是合适的。

（3）给出快速登高的方向与试验点

在本例中，z_1的变化以 5 作步长最为方便，则步长系数 d 可取为：

$$d = \frac{5}{\Delta_1 b_1} = \frac{1}{b_1}$$

那么各因子步长变化及其修匀值见表 5-16，试验计划及试验结果见表5-17。

表 5-16　快速登高参数

因子	z_1	z_2
$b_j\Delta_j$	3.875	1.625
$db_j\Delta_j$	1	2.097
修匀	1	2

表 5-17　快速登高计划及试验结果

试验号	z_1	z_2	y
10（$z_{oj}+db_j\Delta_j$）	40	157	41.0
11（$z_{oj}+2db_j\Delta_j$）	45	159	42.9
12（$z_{oj}+3db_j\Delta_j$）	50	161	47.1
13（$z_{oj}+4db_j\Delta_j$）	55	163	49.7
14（$z_{oj}+5db_j\Delta_j$）	60	165	53.8
15（$z_{oj}+6db_j\Delta_j$）	65	167	59.9
16（$z_{oj}+7db_j\Delta_j$）	70	169	65.0
17（$z_{oj}+8db_j\Delta_j$）	75	171	70.4
18（$z_{oj}+9db_j\Delta_j$）	80	173	77.6
19（$z_{oj}+10db_j\Delta_j$）	85	175	80.3
20（$z_{oj}+11db_j\Delta_j$）	90	177	76.2
21（$z_{oj}+12db_j\Delta_j$）	95	179	75.1

从上面的试验结果可以看出，在 $z_1=85$（分钟），$z_2=175$（℉）附近结果较好，那么可以以该点为中心，重新设计一个一次回归的正交设计，重复上述过程，直到找到最佳的或满意的最大值为止；也可以将试验条件作为中心点，安排二次回归设计，关于二次回归设计方法见下一节。

注：在列出快速登高计划后，不一定按顺序一一试验，可选做其中的若干个，只要 y 在不断增大即可。

5.2.6 一次回归正交设计的旋转性

在离设计中心距离相等的点上，若其预测值的方差相等，则称该设计为旋转设计。由于方差相等可减少对预测的干扰，因此旋转性颇受人们的关注。

在上面介绍的一次回归正交设计中，利用式（5-10）与式（5-11）有

$$Var(b_0) = Var(b_j) = \frac{\sigma^2}{n}, \ j = 1, 2, \cdots, p$$

且 b_0，b_1，…，b_p 互不相关，因此预测值的方差为：

$$Var(\hat{y}) = Var(b_0) + \sum_{j=1}^{p} x_j^2 Var(b_j) = \frac{\sigma^2}{n}(1 + \sum_{j=1}^{p} x_j^2)$$

现在编码空间中心点的坐标为（0，0，…，0），记点（x_1，x_2，…，x_p）离中心的距离记为 ρ，则

$$\rho^2 = \sum_{j=1}^{p} x_j^2$$

从而在离中心距离为 ρ 的点上预测值的方差相等，仅与 ρ 有关，其值为：

$$Var(\hat{y}) = \frac{\sigma^2}{n}(1 + \rho^2)$$

这就表明一次回归的正交设计具有旋转性。

5.3 二次回归的中心组合设计

建立二次回归方程，常用的方法是一种中心组合设计方案，它不仅可以在一次回归正交设计的基础上补充若干点得到，而且可以直接使用。

5.3.1 中心组合设计方案

中心组合设计中的试验点由 3 部分组成。

（1）将编码值-1 与 1 看成每个因子的 2 个水平，如同一次回归的正交设计那样，采用二水平正交表安排试验，可以是全因子试验，也可以是其 1/2 实施，1/4 实施等。记其试验次数为 m_c，则 $m_c = 2^p$，或 2^{p-1}（1/2 实施）、2^{p-2}（1/4 实施）等。

（2）在每一因子的坐标轴上取两个试验点，该因子的编码值分别为 $-\gamma$ 与 γ，其他因子的编码值为 0。由于有 p 个因子，因此这部分试验点共有 $2p$ 个。常称这种试验号点为星号点。

（3）在试验区域的中心进行 m_0 次重复试验，这时每个因子的编码值均为 0。譬如 $p=2$ 的中心组合设计方案如 5-3，试验点分布的图示为图 5-4。

试验号	x_1	x_2	
1	1	1	$L_4(2^3)$，$m_c = 2^2 = 4$
2	1	-1	
3	-1	1	
4	-1	-1	
5	γ	0	星号点，$2p = 4$
6	$-\gamma$	0	
7	0	γ	
8	0	$-\gamma$	
9	0	0	中心点 m_0
⋮	⋮	⋮	
n	0	0	

图 5-3 $p=2$ 的中心组合设计方案

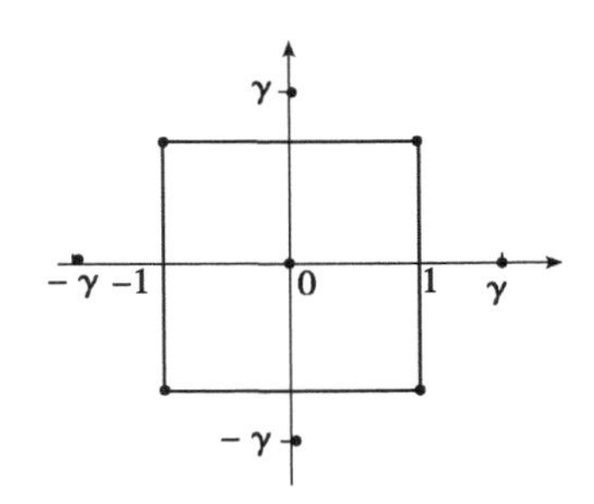

图 5-4 $p=2$ 的中心组合设计方案试验点的分布

5.3.2 中心组合设计方案的特点

该方案总试验次数 n 为：$n=m_c+2p+m_0$

每个因子（变量）都可取 5 个水平，故该方案所布的试验点范围较广。

该方案还有较大的灵活性，因为在方案中留有两个待定参数 m_0（中心点的试验次数）和 γ（星号点的位置），这给人们留下活动余地，使二次回归设计具有正交性、旋转性等成为可能。

中心点处的 m_0 次重复，使试验误差较为准确估计成为可能，从而使对方程与系数的检验有了可靠依据。

5.4 二次回归正交设计

如果一个设计具有正交性，则数据分析将是十分方便的，又由于所得的回归系数的估计间互不相关，因此删除某些因子时不会影响其他的回归系数的估计，从而很容易写出所有系数为显著的回归方程。

我们可以适当选择 m_0 与 γ 使二次回归中心组合设计具有正交性。

5.4.1　二次中心组合设计的结构矩阵 X 与系数矩阵

$p=2$ 的中心组合设计回归模型的结构式为

$$y_i = \beta_0 + \beta_1 x_{i1} + \beta_2 x_{i2} + \beta_{12} x_{i1} x_{i2} + \beta_{11} x_{i1}^2 + \beta_{22} x_{i2}^2 + \varepsilon_i,\ i = 1,\ 2,\ \cdots,\ n$$

结构矩阵如下：

$$X = \begin{array}{c} \begin{matrix} x_0 & x_1 & x_2 & x_1x_2 & (x_1)^2 & (x_2)^2 \end{matrix} \\ \left\{ \begin{matrix} 1 & 1 & 1 & 1 & 1 & 1 \\ 1 & 1 & -1 & -1 & 1 & 1 \\ 1 & -1 & 1 & -1 & 1 & 1 \\ 1 & -1 & -1 & 1 & 1 & 1 \\ 1 & \gamma & 0 & 0 & \gamma^2 & 0 \\ 1 & -\gamma & 0 & 0 & \gamma^2 & 0 \\ 1 & 0 & \gamma & 0 & 0 & \gamma^2 \\ 1 & 0 & -\gamma & 0 & 0 & \gamma^2 \\ 1 & 0 & 0 & 0 & 0 & 0 \\ \vdots & \vdots & \vdots & \vdots & \vdots & \vdots \\ 1 & 0 & 0 & 0 & 0 & 0 \end{matrix} \right\} \end{array} \tag{5-35}$$

其中，各列依次为 x_0，x_1，x_2，x_1x_2，$(x_1)^2$，$(x_2)^2$ 的值，且 $m_c=4$，$2p=4$，则 $n=m_c+2p+m_0=8+m_0$，再记

$$h = 4 + 2\gamma^2,\ f = 4 + 2\gamma^4$$

那么

$$X'X = \begin{pmatrix} n & 0 & 0 & 0 & h & h \\ 0 & h & 0 & 0 & 0 & 0 \\ 0 & 0 & h & 0 & 0 & 0 \\ 0 & 0 & 0 & m_c & 0 & 0 \\ h & 0 & 0 & 0 & f & m_c \\ h & 0 & 0 & 0 & m_c & f \end{pmatrix} \tag{5-36}$$

一般情况下有

$$X'X=\begin{pmatrix} n & 0\times 1'_p & 0\times 1'_k & h\times 1'_p \\ 0\times 1_p & h\times I_p & 0\times J_{p\times k} & 0\times I_p \\ 0\times 1_k & 0\times J_{p\times k} & m_c\times I_k & 0\times J_{p\times k} \\ h\times 1_p & 0\times I_p & 0\times J_{p\times k} & G \end{pmatrix} \tag{5-37}$$

其中 $k=\binom{p}{2}$，1_u 表示元素均为 1 的 u 维列向量，$1'_u$ 表示为行向量，I_u 表示 u 阶单位阵，$J_{u\times v}$ 表示 u 行 v 列的矩阵，其元素均为 1，$h=m_c+2\gamma^2$，G 是 p 阶对称方阵，其对角元均为 $f=m_c+2\gamma^4$，非对角元均为 m_c，即

$$G=\begin{pmatrix} f & m_c & \cdots & m_c \\ m_c & f & \cdots & m_c \\ \vdots & \vdots & \ddots & \vdots \\ m_c & m_c & \cdots & f \end{pmatrix}$$

5.4.2 正交性的实现

要使中心组合设计具有正交性，就要求 $X'X$ 为对角阵，如今从（5-37）可见，$X'X$ 不是对角阵，但是离对角阵不远了。

首先诸平方项 x_j^2 列的和不等于 0，这可以利用“中心化”变换使诸平方项列的和为 0，为此把 x_j^2 列的元素减去该列的均值，即令

$$x'_j=x_j^2-\frac{h}{n} \tag{5-38}$$

仍以 $p=2$ 为例，此时用式（5-35）表示的矩阵 X 可改写为：

$$X=\begin{bmatrix} 1 & 1 & 1 & 1 & 1-h/n & 1-h/n \\ 1 & 1 & -1 & -1 & 1-h/n & 1-h/n \\ 1 & -1 & 1 & -1 & 1-h/n & 1-h/n \\ 1 & -1 & -1 & 1 & 1-h/n & 1-h/n \\ 1 & \gamma & 0 & 0 & \gamma^2-h/n & -h/n \\ 1 & -\gamma & 0 & 0 & \gamma^2-h/n & -h/n \\ 1 & 0 & \gamma & 0 & -h/n & \gamma^2-h/n \\ 1 & 0 & -\gamma & 0 & -h/n & \gamma^2-h/n \\ 1 & 0 & 0 & 0 & -h/n & -h/n \\ \cdot & \cdot & \cdot & \cdot & \cdot & \cdot \\ \cdot & \cdot & \cdot & \cdot & \cdot & \cdot \\ 1 & 0 & 0 & 0 & -h/n & -h/n \end{bmatrix} \tag{5-39}$$

由于 $\sum_{i=1}^{n} x'_{ij} = \sum_{i=1}^{n} (x'_{ij} - h/n) = 4 + 2\gamma^2 - h = 0$，$j=1$，2，从而此时的 $X'X$ 阵为：

$$X'X = \begin{pmatrix} n & 0\times 1'_p & 0\times 1'_k & 0\times 1'_p \\ 0\times 1_p & h\times I_p & 0\times J_{p\times k} & 0\times I_p \\ 0\times 1_k & 0\times J_{k\times p} & m_c\times I_k & 0\times J_{k\times p} \\ 0\times 1_p & 0\times I_p & 0\times J_{p\times k} & GG \end{pmatrix}$$

从而此时的 $X'X$ 阵为：

$$X'X = \begin{pmatrix} n & 0\times 1'_p & 0\times 1'_k & 0\times 1'_p \\ 0\times 1_p & h\times I_p & 0\times J_{p\times k} & 0\times I_p \\ 0\times 1_k & 0\times J_{k\times p} & m_c\times I_k & 0\times J_{k\times p} \\ 0\times 1_p & 0\times I_p & 0\times J_{p\times k} & GG \end{pmatrix}$$

这里 GG 是 p 阶对称方阵：

$$GG = \begin{pmatrix} s_{11} & g & \cdots & g \\ g & s_{22} & \cdots & g \\ \vdots & \vdots & \ddots & \vdots \\ g & g & \cdots & s_{pp} \end{pmatrix}$$

其中的对角元 s_{jj} 为 x'_j 列元素的平方和，由于该列中有 m_c 个元素为 $1-h/n$，2 个元素为 γ^2-h/n，其余 $n-m_c-2$ 个元素为 $-h/n$，j=1，2，…，p，且诸 s_{jj} 都相等，记为 s_0：

$$s_0 = (1-h/n)^2 \times m_c + (\gamma^2 - h/n)^2 \times 2 + (-h/n)^2 \times (n - m_c - 2)\quad j=1,2,\cdots,p$$

非对角元 g 为 x'_i 与 $x'_j(i\neq j)$ 对应元素的乘积和，由于任意两列中有 m_c 对元素均为 $1-h/n$，有四对元素为 γ^2-h/n 与 $-h/n$，其余 $n-m_c-4$ 个元素为 $-h/n$，故：

$$g = (1-h/n)^2 \times m_c + (\gamma^2 - h/n)\times(-h/n)\times 4 + (-h/n)^2 \times (n - m_c - 4) \tag{5-40}$$

为使设计成为正交的只要设法使 $g=0$。由于在 g 中 m_c 是给定的，$h=m_c+2\gamma^2$，p，$n=m_c+2p+m_0$，所以在给定了 m_0 后，g 只是 γ 的函数：

$$g = m_c - \frac{2m_c h}{n} - \frac{4h\gamma^2}{n} + \frac{h^2}{n} = m_c - \frac{m_c^2}{n} - \frac{4m_c}{n}\gamma^2 - \frac{4}{n}\gamma^4$$

因此可以适当选取 γ 使 $g=0$。譬如 $p=3$，$m_0=2$，$m_c=2^3=8$，$2p=6$，$n=8+6+2$，那么要求：

$$\gamma^4+8\gamma^2-16=0$$

解得 $\gamma^2=4(\sqrt{2}-1)=1.6568$，则 $\gamma=1.287$。

对不同的因子个数 p 与中心点重复次数 m_0，对应的 γ 值见表 5-18。

表 5-18 二次回归正交设计的参数 γ 值表

m_0	$p=2$	$p=3$	$p=4$	$p=5$（1/2 实施）
1	1.000	1.215	1.414	1.546
2	1.077	1.287	1.483	1.606
3	1.148	1.353	1.546	1.664
4	1.214	1.414	1.606	1.718
5	1.267	1.471	1.664	1.772
6	1.320	1.525	1.718	1.819
7	1.369	1.575	1.772	1.868
8	1.414	1.623	1.819	1.913
9	1.457	1.668	1.868	1.957
10	1.498	1.711	1.913	2.000

5.4.3 统计分析

5.4.3.1 回归系数的估计

在对 x_j^2 列作了中心化变换后，我们可以首先建立 y 关于诸 x_j，x_jx_k，x_j' 的回归方程：

$$\hat{y}=b_0+\sum_j b_jx_j+\sum_{j<k} b_{jk}x_jx_k+\sum_j b_{jj}x_j'$$

可用 5.1.2 的式（5-8）求诸回归系数。现在 $X'X$ 为对角阵，从而其逆矩阵十分简单：

$$(X'X)^{-1}=\begin{pmatrix} \frac{1}{n} & 0\times 1_p' & 0\times 1_k' & 0\times 1_p' \\ 0\times 1_p & \frac{1}{h}\times I_p & 0\times J_{p\times k} & 0\times I_p \\ 0\times 1_k & 0\times J_{k\times p} & \frac{1}{m_c}\times I_k & 0\times J_{k\times p} \\ 0\times 1_p & 0\times I_p & 0\times J_{p\times k} & \frac{1}{s_0}\times I_p \end{pmatrix}$$

再记 $X'Y=(B_0 \quad B_1 \quad \cdots \quad B_p \quad B_{12} \quad \cdots \quad B_{p-1,\,p} \quad B_{11} \quad \cdots \quad B_{pp})'$，其中

$$
\begin{aligned}
&B_0=\sum_{i=1}^{n} y_i \quad B_j=\sum_{i=1}^{n} x_{ij}y_i \quad B_{jk}=\sum_{i=1}^{n} x_{ij}x_{ik}y_i \quad j<k \\
&B_{jj}=\sum_{i=1}^{n} x'_{ij}y_i \quad j,\ k=1,\ 2,\ \cdots,\ p
\end{aligned} \tag{5-41}
$$

则：

$$
\begin{aligned}
&b_0=\frac{B_0}{n}=\bar{y} \quad b_j=\frac{B_j}{h} \quad b_{jk}=\frac{B_{jk}}{m_c},\ j<k \\
&b_{jj}=\frac{B_{jj}}{s_0} \qquad\qquad j,\ k=1,\ 2,\ \cdots,\ p
\end{aligned} \tag{5-42}
$$

具体计算见表 5-19。

表 5-19　二次回归正交设计的计算

试验号	x_0	x_1	$\cdots$	x_p	$x_1\ x_2$	$\cdots$	$x_{p-1}\ x_p$	x_1	$\cdots$	x_p	y
1	1	x_{11}	$\cdots$	x_{1p}	$x_{11}\ x_{22}$	$\cdots$	$x_{1,p-1}\ x_{1,p}$	x_{11}	$\cdots$	x_{1p}	y_1
2	1	x_{21}	$\cdots$	x_{2p}	$x_{21}\ x_{22}$	$\cdots$	$x_{2,p-1}\ x_{2,p}$	x_{21}	$\cdots$	x_{2p}	y_2
$\vdots$	$\vdots$	$\vdots$	$\vdots$	$\vdots$	$\vdots$	$\vdots$	$\vdots$	$\vdots$	$\vdots$	$\vdots$	$\vdots$
4	1	x_{n1}	$\cdots$	x_{np}	$x_{n1}\ x_{n2}$	$\cdots$	$x_{n,p-1}\ x_{n,p}$	x_{n1}	$\cdots$	x_{np}	y_n
B_j	B_0	B_1	$\cdots$	B_p	B_{12}	$\cdots$	$B_{p-1,p}$	B_{11}	$\cdots$	B_{pp}	S_T
b_j	b_0	b_1	$\cdots$	b_p	b_{12}	$\cdots$	$b_{p-1,p}$	b_{11}	$\cdots$	b_{pp}	S_R
S_j	S_0	S_1	$\cdots$	S_p	S_{12}	$\cdots$	$S_{p-1,p}$	S_{11}	$\cdots$	S_{pp}	S_E

5.4.3.2　对回归方程与回归系数的检验

由于是正交设计，有诸 x_j，x_jx_k，x_j'的偏回归平方和为

$$
\begin{aligned}
&S_j=b_jB_j \quad S_{jk}=b_{jk}B_{jk} \qquad\qquad j<k \\
&S_{jj}=b_{jj}B_{jj} \qquad\qquad\qquad j,\ k=1,\ 2,\ \cdots,\ p
\end{aligned} \tag{5-43}
$$

回归平方和为：

$$
S_R=\sum_{j=1}^{p} S_j+\sum_{j<k} S_{jk}+\sum_{j=1}^{p} S_{jj},\quad f_R=2p+\binom{p}{2} \tag{5-44}
$$

仍然用 S_T 表示总平方和，其自由度为 $f_T=n-1$，则残差平方和为

$$
S_E=S_T-S_R,\qquad f_E=f_T-f_R \tag{5-45}
$$

其检验可在表 5-20 上进行。

表 5-20　二次回归的方差分析

来源	平方和	自由度	均方和	F 比
x_1	S_1	1	MS_1	$F_1=MS_1/MS_E$
⋮	⋮	⋮	⋮	⋮
x_p	S_p	1	MS_p	$F=MS_p/MS_E$
$x_1\ x_2$	$S_1\ S_2$	1	$MS_{1\,2}$	$F_{12}=MS_{12}/MS_E$
⋮	⋮	⋮	⋮	⋮
$x_{p-1,p}$	$S_{p-1,p}$	1	$MS_{p-1,p}$	$F_{p-1,p}=MS_{p-1,p}/MS_E$
x_1	S_{11}	1	MS_{11}	$F_{11}=MS_{11}/MS_E$
⋮	⋮	⋮	⋮	⋮
x_p	S_{PP}	1	MS_{PP}	$F_{PP}=MS_{PP}/MS_E$
回归	$S_R=\sum_{j=1}^{p}S_j+\sum_{j<k}S_{jk}+\sum_{j=1}^{p}S_{jj}$	$f_R=2p+\binom{2}{p}$	$MS_R=S_R/f_R$	$F=MS_R/MS_E$
残差	$S_E=S_T-S_R$	$f_E=f_T-f_R$	$MS_E=S_E/f_E$	
总和	$S_T=\sum_{i=1}^{n}y_i^2-S_0$	$f_T=n-1$		

若在中心点上有重复试验的话，还可以进一步对 S_E 进行分解：

$$S_E=S_e+S_{Lf},\quad f_E=f_e+f_{Lf} \tag{5-46}$$

记在中心点上的试验结果为 y_{01}，y_{02}，…，y_{0m}。其平均值$\bar{y}_0$，则

$$S_e=\sum_{i=1}^{m_0}(y_{0i}-\bar{y}_0)^2 f_e=m_0-1 \tag{5-47}$$

$$S_{Lf}=S_E-S_e,\ f_{Lf}=f_E-f_e \tag{5-48}$$

可对二次回归模型的合适性进行检验。

例 5-4　为提高钻头的寿命，在数控机床上进行试验，考察钻头的寿命与钻头轴向振动频率 F 及振幅 A 的关系。在试验中，F 与 A 的变动范围分别为：[125 Hz，375Hz] 与 [1.5μm，5.5μm]，采用二次回归正交组合设计，并在中心点重复进行三次试验。

（1）对因子的取值进行编码

现在有 2 个因子，即 $p=2$，现在中心点进行 3 次试验，即 $m_0=3$，则由表 5-18 上查得此二次回归正交组合设计中 γ 的值为 1.148。若因子 z_j 的取值范围为 [z_{1j}，z_{2j}]，则令 z_{1j}，z_{2j} 的编码值分别为 $-\gamma$，γ，那么零水平为：

$$z_{0j}=(z_{1j}+z_{2j})/2(j=1,\ 2,\ \cdots,\ p)$$

变化半径为：

$$\Delta_j=\frac{z_{2j}-z_{1j}}{2\gamma}(j=1,\ 2,\ \cdots,\ p)$$

编码值-1 与 1 分别对应于：

$$z_{0j} - \Delta_j \text{ 与 } z_{0j} + \Delta_j (j = 1, 2, \cdots, p)$$

在本例中因子 F 与 A 的零水平分别是 250，3. 5；它们的变化半径分别是 109，1. 74。

因子编码值见表 5-21。

表 5-21　因子编码表

因子	F	A
零水平（0）	250	3. 5
变化半径Δ	109	1. 74
$-\gamma$	125	1. 5
-1	141	1. 76
0	250	3. 5
1	359	5. 24
γ	375	5. 5

（2）试验计划与试验结果

本例的试验计划见表 5-22，在试验随机化后所得试验结果列在该表的最右边一列。

表 5-22　试验计划与试验结果

试验号	编码值		实际值		试验结果（寿命）
	x_1	x_2	F	A	y
1	1	1	359	5. 24	161
2	1	-1	359	1. 76	129
3	-1	1	141	5. 24	166
4	-1	-1	141	1. 76	135
5	1. 148	0	375	3. 5	187
6	-1. 148	0	125	3. 5	170
7	0	1. 148	250	5. 5	174
8	0	-1. 148	250	1. 5	146
9	0	0	250	3. 5	203
10	0	0	250	3. 5	185
11	0	0	250	3. 5	230

（3）参数估计

为求出 y 关于 x_1，x_2 的二次回归方程，首先将 x_1^2 与 x_2^2 列中心化，即令 $x_j' = x_j^2 - h/n$ 。在本例中：

$$n = m_c + 2p + m_0 = 2^2 + 2 \times 2 + 3 = 11$$

$$h = m_c + 2\gamma^2 = 2^2 + 2 \times 1.148^2 = 6.636$$

则：

$$x_j' = x_j^2 - h/n = x_j^2 - 6.636/11 = x_j^2 - 0.603, \ j = 1, \ 2 \tag{5-49}$$

此时 $s_0 = \sum_{i=1}^{n} (x')_{ij}^2 = 3.471$。回归系数的估计见表 5-23。其中 B_j、b_j与 S_j的计算公式见（5-42）～（5-45）。

表 5-23　二次回归正交设计计算表

试验号	x_0	x_1	x_2	x_1x_2	x_1'	x_2'	y
1	1	1	1	1	0.397	0.397	161
2	1	1	−1	−1	0.397	0.397	129
3	1	−1	1	−1	0.397	0.397	166
4	1	−1	−1	0	0.397	0.397	135
5	1	1.148	0	0	0.715	−0.603	187
6	1	−1.148	0	0	0.715	−0.603	170
7	1	0	1.148	0	−0.603	0.715	174
8	1	0	−1.148	0	−0.603	0.715	146
9	1	0	0	0	−0.603	−0.603	203
10	1	0	0	0	−0.603	−0.603	185
11	1	0	0	0	−0.603	−0.603	230
B_j	1 886	8.516	95.144	1.000	−75.732	−124.498	$S_T = 8774.7$，$f_T = 10$
b_j	171.45	1.283	14.338	0.250	−21.818	−35.868	$S_R = 7493.17$，$f_R = 5$
S_j		10.93	1 364.13	0.25	1 652.36	4 465.50	$S_E = 1281.53$，$f_E = 5$

（4）模型、方程及系数的检验

本例中由于在中心点有 3 次重复试验，所以在给出所得到的回归方程之前，先对模型的合适性、方程及系数作显著性检验：

中心点上 3 次试验结果的平均值为$\bar{y}_0 = 206$，由此求得纯误差平方和

$$S_e = 1\ 026 \qquad f_e = 2$$

从而失拟平方和为：

$$S_{Lf} = 1281.53 - 1026 = 255.53 \qquad f_{Lf} = 3$$

失拟检验的统计量为：

$$F_{Lf}=\frac{S_{Lf}/f_{Lf}}{S_e/f_e}=0.17$$

在 $\alpha=0.05$ 时，$F_{0.95}(3,\ 2)=19.2$，所以认为模型合适。

有关方程与系数的检验见表 5-24。

表 5-24　方差分析表

来源	平方和	自由度	均方和	F 比
x_1	10.93	1	10.93	0.04
x_2	1 364.13	1	1 364.13	532
x_1x_2	0.25	1	0.25	0
x_1^t	165 236	1	165 236	6.45
x_2^t	446 550	1	446 550	17.42
回归	7 493.17	5	1 498.63	5.85
残差	1 281.53	5	256.31	
总和	8 774.70	10		

在 $\alpha=0.05$ 时，$F_{0.95}$ (5，5) = 5.05，所以认为方程显著。又在 $\alpha=0.05$ 时，$F_{0.95}$ (1，5) = 6.61，在 $\alpha=0.10$ 时，$F_{0.95}(1,\ 5)=4.06$。所以从表 5-24 可知 x_1' 与 x_2' 的系数在显著性水平 0.05 上是显著的，x_2 的系数在显著性水平 0.10 上是显著的。

（5）写出二次回归方程并求最佳条件

我们可以写出在 0.10 水平上各系数都显著的回归方程为：

$$\hat{y}=171.45+14.338x_2-21.818x_1'-35.868x_2' \tag{5-50}$$

再将式（5-49）代入，即可得 y 关于 x_1，x_2 的二次回归方程：

$$\begin{aligned}\hat{y}&=171.45+14.338x_2-21.818(x_1^2-0.603)-35.868(x_2^2-0.603)\\&=206.23+14.338x_2-21.818x_1^2-35.868x_2^2\end{aligned}$$

最后再将编码式

$$x_1=\frac{F-250}{109}\quad x_2=\frac{A-3.5}{1.74}$$

代入，即可得 y 关于 F，A 的二次回归方程：

$$\hat{y}=-86.5547+1.0497F-0.0018F^2+82.9291A-11.8470A^2 \tag{5-51}$$

为延长寿命，可以将回归方程（5-51）对 F 与 A 分别求导，并令其为零以解出最佳水平组合为：

$$F=291.58,\ A=3.50$$

在该水平组合下，平均寿命的估计是 211.6。

5.5　二次回归旋转设计

5.5.1　旋转性条件与非退化条件

回归正交设计的最大优点是试验次数较少，计算简便，又消除了回归系数间的相关性。但是其缺点是预测值的方差依赖于试验点在因子空间中的位置。由于误差的干扰，试验者不能根据预测值直接寻找最优区域。若能使二次设计具有旋转性，即能使与试验中心距离相等的点上预测值的方差相等，那就有助于克服上述缺点。所以试验者常常希望牺牲部分的正交性而获得旋转性，特别在计算机软件发展的今天，计算的不便之处可以交由计算机帮助处理。

5.5.1.1　旋转性条件

要研究旋转设计，首先应搞清旋转性在回归设计中的具体要求。

下面我们先从两个变量的二次回归方程着手。二变量的二次回归数据结构式为：

$$y_i=\beta_0+\beta_1x_{i1}+\beta_2x_{i2}+\beta_{12}x_{i1}x_{i2}+\beta_{11}x_{i1}^2+\beta_{22}x_{i2}^2+\varepsilon_i,\quad i=1,\ 2,\ \cdots,\ n \tag{5-52}$$

其结构矩阵为：

$$\begin{array}{c} \\ X= \end{array}\begin{array}{c}\begin{array}{cccccc} x_0 & x_1 & x_2 & x_1x_2 & (x_1)^2 & (x_2)^2 \end{array}\\ \begin{pmatrix} 1 & x_{11} & x_{12} & x_{11}x_{12} & x_{11}^2 & x_{12}^2 \\ 1 & x_{21} & x_{11} & x_{21}x_{22} & x_{21}^2 & x_{22}^2 \\ \cdot & \cdot & \cdot & \cdot & \cdot & \cdot \\ \cdot & \cdot & \cdot & \cdot & \cdot & \cdot \\ \cdot & \cdot & \cdot & \cdot & \cdot & \cdot \\ 1 & x_{n1} & x_{n2} & x_{n1}x_{n2} & x_{n1}^2 & x_{n1}^2 \end{pmatrix}\end{array}$$

此时正规方程的系数矩阵 A=X′X 是 6 阶对称方阵：

$$A=\begin{pmatrix} n & \sum x_{i1} & \sum x_{i2} & \sum x_{i1}x_{i2} & \sum x_{i1}^2 & \sum x_{i2}^2 \\ & \sum x_{i1}^2 & \sum x_{i1}x_{i2} & \sum x_{i1}^2x_{i2} & \sum x_{i1}^3 & \sum x_{i1}x_{i2}^2 \\ & & \sum x_{i2}^2 & \sum x_{i1}x_{i2}^2 & \sum x_{i1}^2x_{i2} & \sum x_{i2}^3 \\ & & & \sum x_{i1}^2x_{i2}^2 & \sum x_{i1}^3x_{i2} & \sum x_{i1}x_{i2}^3 \\ & & & & \sum x_{i1}^4 & \sum x_{i1}^2x_{i2}^2 \\ & & & & & \sum x_{i2}^4 \end{pmatrix} \tag{5-53}$$

(这里只给出了上三角部分)

由此可见，在两个变量的二次回归中，A 中元素的一般形式是

$$\sum_{i=1}^{n} x_{i1}^{a_1} x_{i2}^{a_2} \tag{5-54}$$

其中指数 a_1，a_2分别可取 0，1，2，3，4 五个非负整数，且还要满足

$$0 \leqslant a_1 + a_2 \leqslant 4$$

譬如 $a_1=a_2=0$ 时，便是 A 中第一行第一列的元素。仔细观察（5-53），可以发现 A 中的元素可分成两类：一类元素，它的所有指数 a_1，a_2都是偶数或零，另一类元素，它的所有指数 a_1，a_2中至少有一个为奇数。

在一般的 p 元 d 次回归中，共有$\binom{p+d}{d}$项，此时正规方程的系数矩阵 $A=X'X$ 是$\binom{p+d}{d}$阶对称方阵，其中元素的一般形式是

$$\sum_{i=1}^{n} x_{i1}^{a_1} x_{i2}^{a_2} \cdots x_{ip}^{a_p} \tag{5-55}$$

其中指数 a_1，a_2，…，a_p，分别可取 0，1，2，…，$2d$ 等非负整数，且还需满足

$$0 \leqslant a_1+a_2+\cdots+a_p \leqslant 2d$$

A 中的元素也可类似地分成两类。在旋转设计中，对这两类元素有如下要求：

定理 5.5.1 在 p 元 d 次回归的旋转设计中对应的 A 中的元素

$$\sum_{i=1}^{n} x_{i1}^{a_1} x_{i2}^{a_2} \cdots x_{ip}^{a_p} = \begin{cases} \lambda_a \dfrac{n\prod\limits_{i=1}^{p} a_i!}{2^{n/2}\prod\limits_{i=1}^{p}\left(\dfrac{a_i}{2}\right)!} & \text{当所有 } a_i \text{ 都是偶数或零} \\ 0 & \text{当 } a_i \text{ 中至少有一个为基数} \end{cases} \tag{5-56}$$

其中指数 a_1，a_2，…，a_p 如上所述，n 是试验次数，$a=a_1+a_2+\cdots+a_p$，λ_a 是待定参数，下标 a 必为偶数，且 $\lambda_0=1$。

这一定理说明了旋转设计中 A 的具体结构，是旋转设计的基本要求，称为旋转性条件。

下面对 $d=1$，2 的旋转性条件具体化。

(1) $d=1$ 的情况：在一次回归旋转设计，此时 A 中满足

$$0 \leqslant a_1+a_2+\cdots+a_p \leqslant 2$$

且 a_1，a_2…，a_p 都是偶数或零这些条件的，应有

$$\sum_{i=1}^{n} x_{ij}^2 = \lambda_2 n,\quad j = 1,\ 2,\ \cdots,\ p$$

而 A 中其他元素都是 0，此时

$$A = X'X = \lambda_2 n I_{p+1}$$

其中 I_{p+1} 是 $p+1$ 阶单位阵。在 5.2.6 中给出的一次回归正交设计便是 $\lambda_2 = 1$ 的一次旋转设计。

$d=2$ 的情况：在二次回归旋转设计，此时 A 中满足

$$0 \leqslant a_1 + a_2 + \cdots + a_p \leqslant 4$$

且 a_1，a_2，…，a_p 都是偶数或零这些条件的，有以下几种情况

$$\begin{aligned} &\sum_{i=1}^{n} x_{ij}^2 = \lambda_2 n, && j = 1,\ 2,\ \cdots,\ p \\ &\sum_{i=1}^{n} x_{ij}^4 = 3\sum_{i=1}^{n} x_{ij}^2 x_{ik}^2 = 3\lambda_4 n, && j \neq k,\ j,\ k = 1,\ 2,\ \cdots,\ p \end{aligned} \tag{5-57}$$

这时

$$A = X'X = n\begin{pmatrix} 1 & & & \lambda_2 1'_p \\ & \lambda_2 I_p & & \\ & & \lambda_4 I_k & \\ \lambda_2 1_p & & & \lambda_4 G \end{pmatrix}$$

这是一个 $\begin{pmatrix} p+2 \\ 2 \end{pmatrix}$ 阶对称方阵，其中 $k = \begin{pmatrix} p \\ 2 \end{pmatrix}$，$G = \begin{pmatrix} 3 & 1 & \cdots & 1 \\ 1 & 3 & \cdots & 1 \\ \vdots & \vdots & \ddots & \vdots \\ 1 & 1 & \cdots & 3 \end{pmatrix}$ 是一个 p 阶对称方阵。1_p 是元素全为 1 的 p 维列向量，空白处为零矩阵。

λ_2 与 λ_4 可以根据具体的设计确定。

5.5.1.2　非退化条件

为获得二次回归方程中的回归系数的最小二乘估计，需要求 $A^{-1} = (X'X)^{-1}$，因此还要求 $|A| = |X'X| \neq 0$。下面来看一下这个条件在旋转设计中的具体要求。

$$|n^{-1}A| = \lambda_2^p \lambda_4^k \begin{vmatrix} 1 & \lambda_2 & \lambda_2 & \cdots & \lambda_2 \\ \lambda_2 & 3\lambda_4 & \lambda_4 & \cdots & \lambda_4 \\ \lambda_2 & \lambda_4 & 3\lambda_4 & \cdots & \lambda_4 \\ \vdots & \vdots & \vdots & \ddots & \vdots \\ \lambda_2 & \lambda_4 & \lambda_4 & \cdots & 3\lambda_4 \end{vmatrix}_{p+1}$$

$$= \lambda_2^p \lambda_4^k \begin{vmatrix} 3\lambda_4 - \lambda_2^2 & \lambda_4 - \lambda_2^2 & \cdots & \lambda_4 - \lambda_2^2 \\ \lambda_4 - \lambda_2^2 & 3\lambda_4 - \lambda_2^2 & \cdots & \lambda_4 - \lambda_2^2 \\ \vdots & \vdots & \ddots & \vdots \\ \lambda_4 - \lambda_2^2 & \lambda_4 - \lambda_2^2 & \cdots & 3\lambda_4 - \lambda_2^2 \end{vmatrix}_p$$

$$= \lambda_2^p \lambda_4^k [(p+2)\lambda_4 - p\lambda_2^2] \begin{vmatrix} 2\lambda_4 & 0 & \cdots & 0 \\ 0 & 2\lambda_4 & \cdots & 0 \\ \vdots & \vdots & \ddots & \vdots \\ 0 & 0 & \cdots & 2\lambda_4 \end{vmatrix}_{p-1}$$

$$= \lambda_2^p \lambda_4^k [(p+2)\lambda_4 - p\lambda 2_2] ({}^2\lambda_4)^{p-1}$$

要使 $|A| = |X'X| \neq 0$，必须要

$$\frac{\lambda_4}{\lambda_2^2} \neq \frac{p}{p+2} \tag{5-58}$$

它提供了作旋转设计时应该避免的情况，称为二次设计的非退化条件。

下面我们就讨论二次回归的旋转设计，(5-57) 是旋转设计的必要条件，为使旋转设计成为可能，还要求参数 λ_2 与 λ_4 满足非退化条件 (5-58)。

5.5.2 二次旋转设计

这一小节我们具体给出一个中心组合设计要成为二次旋转设计的条件。

5.5.2.1 二次设计的旋转性条件

按定理可以具体给出二次设计的旋转性条件为：

$$\begin{cases} \sum_{i=1}^{n} x_{ij}^2 = \lambda_2 n \\ \sum_{i=1}^{n} x_{ij}^4 = 3\sum_{i=1}^{n} x_{ij}^2 x_{ik}^2 = 3\lambda_4 n \end{cases} \quad j \neq k,\ i,\ j = 1,\ 2,\ \cdots,\ p$$

若设第 i 个试验点 $(x_{i1},\ x_{i2},\ \cdots,\ x_{ip})$ 位于半径为 ρ_i 的球面上，那么 $\sum_{j=1}^{p} x_{ij}^2 = \rho_i^2$

从而 $\sum_{i=1}^{n} \rho_i^2 = \sum_{i=1}^{n}\sum_{j=1}^{p} x_{ij}^2 = \sum_{j=1}^{p}\sum_{i=1}^{n} x_{ij}^2 = pn\lambda_2$

所以 $\lambda_2 = \frac{1}{pn}\sum_{i=1}^{n}\rho_i^2$

另一方面

$$\rho_i^4 = (\rho_i^2)^2 = \left(\sum_{j=1}^{p} x_{ij}^2\right)^2 = \sum_{j=1}^{p} x_{ij}^4 + 2\sum_{j<k} x_{ij}x_{ik}$$

则

$$\sum_{i=1}^{n}\rho_i^4=\sum_{i=1}^{n}\left(\sum_{j=1}^{p}x_{ij}^4+2\sum_{j<k}x_{ij}x_{ik}\right)=\sum_{j=1}^{p}\sum_{i=1}^{n}x_{ij}^4+2\sum_{j<k}\left(\sum_{i=1}^{n}x_{ij}x_{ik}\right)$$
$$=3pn\lambda_4+2\sum_{j<k}n\lambda_4=p(p+2)n\lambda_4$$

所以

$$\lambda_4=\frac{1}{p(p+2)n}\sum_{i=1}^{n}\rho_i^4$$

则：

$$\frac{\lambda_4}{\lambda_2^2}=\frac{np}{p+2}\times\frac{\sum_{i=1}^{n}\rho_i^4}{\left(\sum_{i=1}^{n}\rho_i^2\right)^2}$$

这表明 λ_4 与 λ_2 平方的比值不仅与因子数 p、试验次数 n 有关，还与 n 个试验点所在球面的半径 ρ_i（$i=1, 2, \cdots, n$）有关。为使设计是非退化的，就要求试验点的分布满足分布（5-58），即要求：

$$\frac{\lambda_4}{\lambda_2^2}\neq\frac{p}{p+2}$$

下面我们来看一下二次中心组合设计满足非退化条件的要求。

首先我们有如下不等式：

$$\left(\sum_{i=1}^{n}\rho_i^2\right)^2\leqslant n\sum_{i=1}^{n}\rho_i^4$$

仅当 $\rho_1=\rho_2=\cdots=\rho_n$ 时等号成立。这是因为对任意实数 θ 有

$$\sum_{i=1}^{n}(\theta-\rho_i^2)^2\geqslant 0\Rightarrow\sum_{i=1}^{n}(\theta^2-2\theta\rho_i^2+\rho_i^4)\geqslant 0$$

即如下二次三项式是非负的：

$$n\theta^2-2\theta\sum_{i=1}^{n}\rho_i^2+\sum_{i=1}^{n}\rho_i^4\geqslant 0$$

这表明它不能有两个不同的实根，所以判别式

$$\left(\sum_{i=1}^{n}\rho_i^2\right)^2-n\sum_{i=1}^{n}\rho_i^4\leqslant 0$$

由此可知

$$\frac{\lambda_4}{\lambda_2^2}\geqslant\frac{p}{p+2}$$

等号成立的唯一条件是 n 个试验点都在同一球面上。这表明只要 n 个试验点

不在同一球面上就有可能获得旋转设计方案。

在中心组合设计方案中 n 个试验点分布在三个不同半径的球面上，其中：

m_c 个点分布在半径为 $\rho_c = \sqrt{p}$ 的球面上；

$2p$ 个点分布在半径为 $\rho_\gamma = \gamma$ 的球面上；

m_0 个点分布在半径为 $\rho_0 = 0$ 的球面上。

它不会使矩阵 A 退化。

为使设计满足旋转性条件只要适当选取参数 γ，在中心组合设计中有：

$$\sum_{i=1}^{n} x_{ij}^2 = m_c + 2\gamma^2 = h = \lambda_2 n$$

$$\sum_{i=1}^{n} x_{ij}^4 = m_c + 2\gamma^4 = 3\lambda_4 n$$

$$\sum_{i=1}^{n} x_{ij}^2 x_{ik}^2 = m_c = \lambda_4 n$$

因此 $\lambda_2 = h/n$，$\lambda_4 = m_c/n$，为使设计具有旋转性，则要求

$$m_c + 2\gamma^4 = 3m_c$$

即只要：$\gamma^4 = m_c$

从式（5-57）中便可求得 γ，譬如 $p=3$，那么 $m_c=8$，则 $\gamma=1.682$，常用的值见表 5-25。

当对中心组合设计提出进一步的要求时，可以确定设计中的另一个参数 m_0。

5.5.3 二次回归正交旋转设计

当要求一个设计不仅具有旋转性，还要求保持正交性，或至少是近似正交的。这时需要使的非对角线元素全为 0，那么只需要（5-40）给出的 $g=0$，现在

$$\begin{aligned} g &= (1 - h/n)^2 \times m_c + (\gamma^2 - h/n) \times (-h/n) \times 4 \\ &\quad + (-h/n)^2 \times (n - m_c - 4) \\ &= m_c - \frac{m_c^2}{n} - \frac{4m_c}{n}\gamma^2 - \frac{4}{n}\gamma^4 \end{aligned}$$

在 g 的表达式中，m_c 是给定的，现在 γ 也已确定，$n = m_c + 2p + m_0$，从而 g 只是 m_0 的函数，所以可令 $g=0$ 解出 m_0。如果解得的 m_0 是整数，则所得设计为正交旋转设计；如果所得解不是整数，则取最接近的整数，这时的设计是近似正交的旋转设计。譬如，$p=3$，$m_c=8$，$\gamma=1.682$，$\gamma^2=2.8284$，$\gamma^4=8$，$n=14+m_0$，

那么

$$g = m_c - \frac{m_c^2}{n} - \frac{4m_c}{n}\gamma^2 - \frac{4}{n}\gamma^4 = 8 - \frac{8^2}{n} - \frac{4 \times 8 \times 2.8284}{n} - \frac{4 \times 8}{n} = 0$$

解得 $n=23.3136\approx23$，那么 $m_0=9$，这是一个近似正交的旋转设计。

二次回归正交（或近似正交）旋转组合设计的参数 γ 与 m_0见表 5-25。

表 5-25　二次回归正交旋转组合设计参数

因子数与方案	m_c	γ	m_0	n
$p=2$	4	1.414	8	16
$p=3$	8	1.682	9	23
$p=4$	16	2.000	12	36
$p=5$	32	2.378	17	50
$p=5$（1/2 实施）	16	2.000	10	36
$p=6$（1/2 实施）	32	2.378	15	59
$p=7$（1/2 实施）	64	2.828	22	100
$p=8$（1/2 实施）	128	3.364	33	177
$p=8$（1/4 实施）	64	2.828	20	100

5.5.4　二次回归通用旋转设计

所谓一个设计具有通用性是指在与编码中心距离小于 1 的任意点（x_1，x_2，…，x_p）上的预测值的方差近似相等。由于一个旋转设计各点预测值的方差仅与该点到中心的距离 ρ 有关，则 Var（$\hat{y}(x_1, x_2, \cdots, x_p)$）= $f(\rho)$，通用设计要求当 $\rho<1$ 时，$f(\rho)$ 基本为一个常数。根据这一要求，可以通过数值的方法来确定 m_0。

当一个设计既要具有旋转性又要具有通用性时，设计中的参数 γ 与 m_0见表 5-26。

比较表 5-25 与表 5-26 可知，通用旋转设计的试验次数比正交旋转设计的次数要少，加上在单位超球体内各点预测值方差近似相等，因此在实用中人们喜欢采用通用性的设计，尽管其计算要比正交设计稍麻烦些，但是有了计算机后这已不成问题，因为稍复杂的计算可以由计算机来完成。

表 5-26 二次回归通用旋转组合设计参数

因子数与方案	m_c	γ	m_0	n
$p=2$	4	1.414	5	13
$p=3$	8	1.682	6	20
$p=4$	16	2.000	7	31
$p=5$（1/2 实施）	16	2.378	6	32
$p=6$（1/2 实施）	32	2.000	9	53
$p=7$（1/2 实施）	64	2.828	14	92
$p=8$（1/2 实施）	128	3.364	21	165
$p=8$（1/4 实施）	64	2.828	13	93

5.5.5 数据分析

由于正交旋转设计的数据分析同前面 5.4.3 一样，所以下面仅对通用旋转组合设计的数据分析作一介绍

5.5.5.1 回归系数的估计

要估计回归系数必须先求出 $X'X$ 的逆矩阵，在二次回归组合设计中，可求得：

$$(X'X)^{-1}=\begin{pmatrix} K & 0 & \cdots & 0 & 0 & \cdots & 0 & E & \cdots & E \\ 0 & 1/h & & 0 & 0 & & 0 & 0 & & 0 \\ \vdots & & \ddots & & & \ddots & & & \ddots & \\ 0 & 0 & & 1/h & 0 & & 0 & 0 & & 0 \\ 0 & 0 & & 0 & 1/m_c & & 0 & 0 & & 0 \\ \vdots & & \ddots & & & \ddots & & & \ddots & \\ 0 & 0 & & 0 & 0 & & 1/m_c & 0 & & 0 \\ E & 0 & & 0 & 0 & & 0 & F & & G \\ \vdots & & \ddots & & & \ddots & & & \ddots & \\ E & 0 & & 0 & 0 & & 0 & G & & F \end{pmatrix} \tag{5-59}$$

根据不同的 p 与实施方案，其中的 K，E，F，G 的值已列成表格供使用（见表 5-27）。如果记 $X'Y$ 阵中的元素为：

$$B_0=\sum_{i=1}^{n}y_i,\quad B_j=\sum_{i=1}^{n}x_{ij}y_i,\quad B_{jk}=\sum_{i=1}^{n}x_{ij}x_{ik}y_i,\quad B_{jj}=\sum_{i=1}^{n}x_{ij}^2y_i$$

则回归系数的估计为：

$$
\begin{aligned}
b_0 &= KB_0 + E\sum_{j=1}^{p} B_j \\
b_j &= B_j/h, \quad j = 1, 2, \cdots, p \\
b_{jk} &= B_{jk}/m_c, \quad j < k, \quad j, k = 1, 2, \cdots, p \\
b_{jj} &= EB_0 + (F - G)B_{jj} + G\sum_{k=1}^{p} B_{kk}, \quad j = 1, 2, \cdots, p
\end{aligned}
\tag{5-60}
$$

表 5-27 二次通用旋转组合设计中回归系数的参数

因子数与方案	n	K	$-E$	F	G
$p=2$	13	0.2	0.1	0.14357	0.01875
$p=3$	20	0.1663402	0.0567920	0.06939	0.00689003
$p=4$	31	0.1428571	0.0357142	0.0349702	0.00372023
$p=5$（1/2 实施）	32	0.1590909	0.0340909	0.0340909	0.00284090
$p=6$（1/2 实施）	53	0.1107487	0.0187380	0.0168422	0.00121742
$p=7$（1/2 实施）	92	0.0703125	0.0097656	0.00930078	0.00048828

5.5.5.2 对回归方程的检验

由于在回归系数的估计中未进行中心化变换，因此各类偏差平方和的计算要用下面的公式：

$$S_T = \sum_{i=1}^{n} (y_i - \bar{y})^2 = \sum_{i=1}^{n} y_i^2 - B_0^2/n \tag{5-61}$$

现在残差平方和的计算可以如下进行：

$$S_E = \sum_{i=1}^{n} (\hat{y}_i - y_i)^2 = \sum_{i=1}^{n} y_i^2 - b_0B_0 - \sum_{j=1}^{p} b_jB_j - \sum_{j<k} b_{jk}B_{jk} - \sum_{j=1}^{p} b_{jj}B_{jj} \tag{5-62}$$

从而回归平方和为：

$$S_R = S_T - S_E \tag{5-63}$$

各类自由度分别为：

$$
\begin{aligned}
f_T &= n - 1 \\
f_R &= p + p + p(p-1)/2 = 2p + p(p-1)/2 \\
f_E &= f_T - f_R
\end{aligned}
$$

由于在中心点有 m_0 次重复试验，因此还可将 S_E 分解为：

$$S_E = S_e + S_{Lf}$$

其自由度分别为：

$$f_e = m_0 - 1 \qquad f_{Lf} = f_E - f_e$$

这样可先检验模型的合适性，所用统计量为：

$$F_{Lf}=\frac{S_{Lf}/f_{Lf}}{S_e/f_e}$$

当模型合适时，再用统计量：

$$F=\frac{S_R/f_R}{S_E/f_E}$$

5.5.5.3 对回归系数的显著性检验

为对回归系数进行显著性检验，需要诸项 x_j、x_jx_k、x_j^2 的偏回归平方和及 σ^2 的估计，其公式如下：

$$\hat{\sigma}^2 = s^2 = S_E/f_E \tag{5-64}$$

$$S_j = b_j^2/h^{-1}, \quad j=1,2,\cdots,p$$

$$S_{jk} = b_{jk}^2/m_c^{-1}, \quad j<k, \quad j,k=1,2,\cdots,p \tag{5-65}$$

$$S_{jj} = b_{jj}^2/F, \quad j=1,2,\cdots,p$$

检验方程的显著性。

$$F_j = S_j/s^2, \ j=1,2,\cdots,p$$

$$F_{jk} = S_{jk}/s^2, \ j<k, \ j,k=1,2,\cdots,p \tag{5-66}$$

$$F_{jj} = S_{jj}/s^2, \ j=1,2,\cdots k$$

如果有不显著的项，要删去该项，一次只能剔除一项，由于这里不是正交设计，所以回归系数间具有相关性，删除一个变量后，回归系数需要重新计算。由于求回归系数的正规方程组的系数矩阵阶数较高，求逆矩阵相当麻烦，通常将这项工作交给计算机协助完成。

下面给出一个例子。

例 5-5 超声波换能器设计中要求灵敏度余量 y 尽量大，而这一指标与以下两个因子有关：

z_1：保护膜厚度，取值范围为 0.2~0.6（mm）

z_2：吸收材料之比，取值范围为 4：1~7：1

为减少试验次数并建立精度较高的回归方程，决定采用二次回归通用旋转组合设计。

（1）对因子的取值进行编码

在 $p=2$ 时，从表 5-26 查得设计参数为：

$$\gamma=1.414 \qquad m_0=5$$

共需进行 $n=m_c+2p+m_0=13$ 次试验。在直接进行二次回归设计时，编码可以如下进行：

设因子的取值范围为：

$$z_{1j} \leqslant z_j \leqslant z_{2j},\ j=1,\ 2,\ \cdots,\ p$$

现令 z_{1j}，z_{2j} 的编码值分别为 $-\gamma$，γ，则零水平为：

$$z_{0j}=(z_{1j}+z_{2j})/2,\ j=1,\ 2,\ \cdots,\ p$$

变化半径为：

$$\Delta_j=\frac{z_{2j}-z_{1j}}{2\gamma},\ j=1,\ 2,\ \cdots,\ p$$

那么编码值-1 与 1 分别对应于：

$$z_{0j}-\Delta_j \text{ 与 } z_{0j}+\Delta_j,\ j=1,\ 2,\ \cdots,\ p$$

本例子的因子编码值见表 5-28。

表 5-28　因子编码

因子	z_1	z_2
零水平 z_0（0）	0.4	5.5：1
变化半径Δ	0.1414	1.0607：1
$-\gamma$	0.2	4：1
−1	0.2586	4.4393：1
0	0.4	5.5：1
1	0.5414	6.5607：1
γ	0.6	7：1

（2）试验计划与试验结果

本例用编码值表示的试验计划见表 5-29，在试验随机化后所得试验结果列在该表的最右边一列。

表 5-29　试验计划与试验结果

试验号	x_1	x_2	y
1	1	1	57
2	1	−1	58
3	−1	1	54.5
4	−1	−1	55
5	1.414 2	0	54.5
6	−1.414 2	0	52.5
7	0	1.414 2	57
8	0	−1.414 2	58
9	0	0	56.5
10	0	0	57.5
11	0	0	57
12	0	0	56.5
13	0	0	57.5

（3）参数估计

①先求出各 B_j，B_{jk}，B_{jj}，它们列在表 5-30 的最后一行。

②按公式（5-60）求回归系数的估计：

先在表 5-27 中查得：$K=0.2$，$E=-0.1$，$F=0.14375$，$G=0.01875$，又由于 $m_c=4$，$\gamma=1.4142$，故得 $h=m_c+2\gamma^2=8$，代入式（5-60）得：

$b_0=57$，　　$b_1=1.04105$，　　$b_2=-0.364275$

$b_{11}=-1.59375$，　　$b_{12}=-0.125$，　　$b_{22}=0.40625$

从而得回归方程为：

$$\hat{y}=57+1.04105x_1-0.364275x_2-0.125x_1x_2-1.59375x_1^2+0.40625x_2^2$$

表 5-30　计算表

试验号	x_0	x_1	x_2	x_1x_2	x_1'	x_2'	y
1	1	1	1	1	1	1	57
2	1	1	−1	−1	1	1	58
3	1	−1	1	−1	1	1	54.5
4	1	−1	−1	0	1	1	55
5	1	1.414 2	0	0	2	0	54.5
6	1	−1.414 2	0	0	2	0	52.5
7	1	0	1.414 2	0	0	2	57
8	1	0	−1.414 2	0	0	2	58
9	1	0	0	0	0	0	56.5
10	1	0	0	0	0	0	57.5
11	1	0	0	0	0	0	57
12	1	0	0	0	0	0	56.5
13	1	0	0	0	0	0	57.5
	B_0	B_1	B_2	B_{12}	B_{11}	B_{22}	$\sum y_i^2=41\,193.75$
B	731.5	8.323 4	−2.914 2	−0.5	438.5	454.5	

（4）对模型与方程的检验

为对回归方程进行检验，首先要计算各类偏差平方和，有：

$S_T=32.8078$，　$f_T=12$

$S_E=2.6744$，　$f_E=7$

$S_R=30.1333$，　$f_R=5$

由于在中心点重复进行了 5 次试验，中心点试验结果的平均值 $\bar{y}_0=57$，因此还可求出其误差的偏差平方和：

$$S_e = \sum_{i=9}^{13} (y_i - \bar{y}_0)^2 = 1, f_e = 4$$

从而失拟平方和为：

$$S_{Lf} = 2.6744 - 1 = 1.6744, f_{Lf} = 7 - 4 = 3$$

检验模型合适性的 F 比为：

$$F_{Lf} = \frac{1.6744/3}{1/4} = 2.33 < F_{0.95}(3, 4) = 6.59$$

所以模型合适。把 S_{Lf}并入试验误差后再对方程的显著性进行检验，有：

$$F = \frac{30.1333/5}{2.6744/7} = 15.77 > F_{0.95}(5, 7) = 3.97$$

所以方程有意义。

（5）对每一回归系数分别进行检验

由式（5-63）~式（5-65）上可得 $\hat{\sigma}^2 = s^2 = 2.6744/7 = 0.382$，那么对回归系数进行检验的统计量分别为：

$$F_1 = 8\times (1.04105)^2/0.382 = 22.697$$

$$F_2 = 8\times (-0.364275)^2/0.382 = 2.779$$

$$F_{12} = 4\times (-0.125)^2/0.382 = 0.164$$

$$F_{11} = (-1.59375)^2/(0.14375\times 0.382) = 46.256$$

$$F_{22} = (0.40625)^2/(0.14375\times 0.382) = 3.005$$

若取 $\alpha = 0.05$，查表得 $F_{0.95}(1, 7) = 5.59$，则 x_2，x_1x_2，x_2^2 三个系数不显著，但是由于系数间不独立，所以不能一次将它们全部删除。可以逐一删除不显著的项，再检验，直到获得每一系数都显著为止。由于 F_{12}最小，所以首先删去 x_1x_2，然后建立方程，再检验，直到所有系数显著为止。这一过程通常交计算机来完成。我们这里罗列以下中间结果：

首先删去 x_1x_2，得到的回归方程为：

$$\hat{y} = 57.0 + 1.0411x_1 - 0.3643x_2 - 1.5937x_1^2 + 0.4063x_2^2$$

对各系数检验的 F 值分别为：25.30，3.10，51.70，3.35。

由于 $F_{0.95}(1, 8) = 5.32$，则 x_2，x_2^2，两个系数不显著。

再删去 x_2，得到的回归方程为：

$$\hat{y} = 57.0 + 1.0411x_1 - 1.5937x_1^2 + 0.4063x_2^2$$

对各系数检验的 F 值分别为：20.52，41.86，2.72。由于 $F_{0.95}$（1，9）= 5.12，则 x_2^2 的系数不显著。

再删去 x_2^2，得到的回归方程为：

$$\hat{y} = 57.3 + 1.04x_1 - 1.65x_1^2 \quad (5-67)$$

对各系数检验的 F 值分别为：15.55，38.81。由于 $F_{0.95}(1,10) = 4.96$，各系数均显著。所以式（5-67）是最后所得方程。

在此回归方程中 $S_E = 4.946$，$f_E = 10$

（6）写出回归方程并求最优条件

各项系数在 0.05 水平上显著的回归方程为式（5-66），该方程中不含 x_2，所以只要将 x_1的编码式

$$x_1 = \frac{z_1 - 0.4}{0.1414}$$

代入，则得 y 关于 z_1的回归方程为：

$$\begin{aligned}\hat{y} &= 57.3 + 1.04x_1 - 1.65x_1^2 \\ &= 57.3 + 1.04 \times \frac{z_1 - 0.4}{0.1414} - 1.65 \times \left(\frac{z_1 - 0.4}{0.1414}\right)^2 \\ &= 41.158 + 73.255z_1 - 82.5z_1^2\end{aligned} \quad (5-68)$$

在获得了方程后，可以寻找使 y 达到最大的条件，将上式的右边对 z_1求导并令其为 0：

$$\frac{\partial \hat{y}}{\partial z_1}73.255 - 2 \times 82.56z_1 = 0$$

解上述方程，得：$z_1 = 0.44$。

这表明我们取保护膜厚度为 0.44mm，可使 y 达到最大，此时 $E(y)$ 的估计值为 57.422。

由于 z_2对 y 影响不大，所以可以在试验范围内任意选取。若该材料比较贵，则可选取 $z_2 = 4:1$。

6 均匀设计

6.1 均匀设计的概念及特点

均匀设计（Uniform Design）是采用均匀设计表来安排试验的方法，由我国数学家方开泰教授和王元教授于1978年提出。其最初在我国导弹设计中应用，经过20多年的发展和推广，均匀设计已在我国有较广泛的普及，并在医药、生物、化工、航天、电子、军事工程等诸多领域中使用，取得了显著的经济和社会效益。西方流行的“拉丁超立方体抽样”与均匀设计几乎同期出现，它们在本质上是一致的，几乎同期出现。在多因子试验中，正交试验具有“均匀分散，整齐可比”的特点。“整齐可比”性使试验结果分析方便，但是水平数不能过多。回归设计水平数一般也在5个以下。在模型拟合及优化时，就需要较多的水平数，均匀设计是一种适用于多水平的多因子试验的设计方法。

（1）试验点分布“均匀分散”。

（2）在处理设计中各个因子每个水平只出现一次。

（3）因子水平数较多，适用多水平多因素模型拟合及优化试验。

（4）试验结果采用回归分析方法。

6.2 均匀设计与均匀设计表

6.2.1 均匀设计

均匀设计是用均匀设计表安排试验，而用回归分析进行数据分析的一种试验设计方法。基本想法是要使试验点在因子空间中具有较好的均匀分散性。均匀设计同正交设计一样，也是部分因子设计的主要方法之一，是一种稳健试验设计。适用范围：试验因子多、因子取值范围大、因子水平多（一般不少于5），而试验次数相对较少的情况。

6.2.2 均匀设计表

均匀设计表是均匀设计的基本工具，它是用数论方法编制的。与正交试验设计相似，均匀设计也是通过一套精心设计的表格来安排试验的。

均匀设计表用代号 $U_n(q^m)$ 表示，U 表示均匀设计表，它有 n 行，m 列，每列的水平数为 q。

表 6-1　U_6（6^4）均匀表

试验号＼列号	1	2	3	4
1	1	2	3	6
2	2	4	6	5
3	3	6	2	4
4	4	1	5	3
5	5	3	1	2
6	6	5	4	1

表 6-1 为 $U_6(6^4)$ 均匀设计表，最多可安排 4 个因素，每个因素 6 个水平，共做 6 次试验。

该均匀设计表具有如下特点：

（1）每个因素的每个水平只做一次试验；

（2）任意两个因素的试验点画在平面格子点上，每行每列恰好有一个试验点；

（3）行数可以与水平数相同，因此试验次数少。

6.2.3　均匀设计表的使用

在用均匀设计表安排试验时，因为任意两列的均匀性是不同的，用哪些列是有讲究的。譬如用 $U_6^*(6^6)$ 安排两个因子时，用 1，3 列与用 1，6 列的均匀性是不同的，试验点在平面上的分布见图 6-1。前者分布比较均匀。

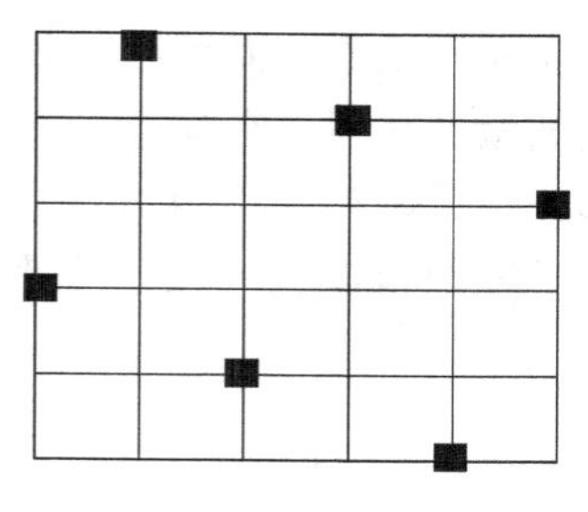

a）用 1，3 列

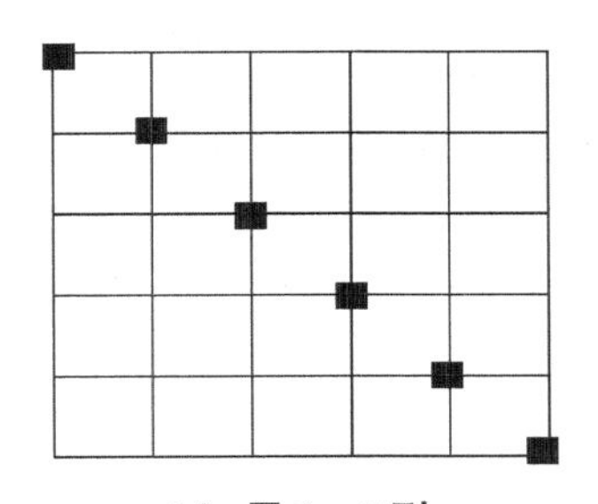

b）用 1，6 列

图 6-1 试验点的分布

6.2.4 均匀性的度量

通常用“偏差”来度量均匀性，偏差愈小，均匀性愈好。

设 x_1，x_2，…，x_n 是 $[0,1]^m$ 中的 n 个点，则称

$$D(x_1, x_2, \cdots, x_n) = \sup_{x \in [0,1]^m} \left| \frac{n_x}{n} - V(x) \right|$$

为点集 $\{x_1, x_2, \cdots, x_n\}$ 在 $[0,1]^m$ 中的偏差（D），或星偏差。

用（星）偏差来度量均匀性的缺点之一是不够灵敏，有时明显不同的两个均匀设计会出现相同的偏差；缺点之二是与原点有关，所有矩形都从原点开始。为了克服上述偏差的缺点，人们又研究出很多其他的偏差度量方法，用得最多的是 CD_2 偏差和 WD_2 偏差。后来方开泰教授新研制的均匀设计表大都基于最小的 CD_2 偏差。

偏差 D 可对任一均匀设计表 U_n 或 U_n^* 中任意 2 列、任意 3 列…进行计算，从中选出使 D 达到最小的列作为使用列，从而形成使用表。

如下表就是 $U_7(7^6)$ 的使用表，s 表示因子数。

表 6-2 均匀设计表 $U_7(7^6)$ 的使用表

s	列号	D
2	1，3	0.2398
3	1，2，3	0.3721
4	1，2，3，6	0.4760

若从中选出 5 列使用，就会使偏差 D 过大，故不建议使用，把使用表中不出现的列剔除，并重新编号，可以得到表 6-3 及其使用表 6-4。

表 6-3　均匀设计表 U_7（7^4）

	1	2	3	4
1	1	2	3	6
2	2	4	6	5
3	3	6	2	4
4	4	1	5	3
5	5	3	1	2
6	6	5	4	1
7	7	7	7	7

表 6-4　均匀设计表 U_7（7^4）的使用表

s	列号	D
2	1，3	0.2398
3	1，2，3	0.3721
4	1，2，3，4	0.4760

使用表说明：当安排两个因子时，第 1、3 列是最佳的选择，若安排 4 个因子，第 1、2、3、4 是最佳选择。

（a）U_7（7^4）

s	列号	D
2	1，3	0.2398
3	1，2，3	0.3721
4	1，2，3，4	0.4760

（b）U_7^*（7^4）

s	列号	D
2	1，3	0.1582
3	2，3，4	0.2132

由表上的 D 值可知，在表上加“*”的比不加“*”的均匀，因此在实际中我们首先使用加“*”的均匀设计表。但是可安排的因子较少。

对于各因子不等水平的均匀设计，可以直接采用混合水平均匀设计表，或者采用拟水平法设计。

6.2.5　均匀设计及数据分析

均匀设计的试验数据的处理通常采用回归分析的方法，回归分析模型可采用线性回归模型、二次回归模型或其他非线性回归模型，可以通过逐步回归的方法筛选变量。下面通过一个例子来说明均匀设计及其数据的分析步骤。

例 6-1　为了研究环境污染对人体的危害，考察六种重金属 Cd、Cu、Zn、Ni、Cr、Pb 对老鼠寿命的影响，为此考察老鼠体内某种细胞的死亡率，为了了解误差，每一水平组合重复三次。

6.2.5.1　试验设计

（1）明确试验目的：了解六种重金属 Cd、Cu、Zn、Ni、Cr、Pb 对老鼠寿命的影响。

（2）明确试验指标：老鼠体内某种细胞的死亡率。

（3）确定因子与水平：这里因子都是定量的。水平可以是等间隔的，也可以是不等间隔的。

本例中有 6 种重金属可看作 6 个因子，每一因子取 17 个水平，其水平值均为：（单位：ppm）

0.01，0.05，0.1，0.2，0.4，0.8，1，2，4，5，8，10，12，14，16，18，20

注意：水平必须按顺序排列。

（4）选择均匀设计表，利用使用表进行表头设计

由于这里考察六个因子，每一因子取 17 个水平，可以用表 $U_{17}(17^{16})$，六个因子按使用表的规定分别置于 1、2、3、5、7、8 列上，得到试验计划（见表 6-5），表中括号内的数据是水平编号，括号外的数据是水平取值。

6.2.5.2　进行试验，获得试验结果

本例在每一水平组合下进行 3 次重复试验，试验结果列在表 6-5 的最后三列上。

表 6-5　试验计划与试验结果

列号	1	2	3	5	7	8	y		
序号	Cd	Cu	Zn	Ni	Cr	Pb			
1	(1)0.01	(4)0.2	(6)0.8	(10)5	(14)14	(15)16	17.95	17.65	18.33
2	(2)0.05	(6)2	(12)10	(3)0.1	(11)8	(13)12	22.09	22.85	22.62
3	(3)0.1	(12)10	(1)0.01	(13)12	(8)2	(11)8	31.74	32.79	32.87
4	(4)0.2	(16)18	(7)1	(6)0.8	(5)0.4	(9)4	39.37	40.65	37.87

（续表）

列号	1	2	3	5	7	8		y	
序号	Cd	Cu	Zn	Ni	Cr	Pb			
5	(5)0.4	(3)0.1	(13)12	(16)18	(2)0.05	(7)1	31.90	31.18	33.75
6	(6)0.8	(7)1	(2)0.05	(9)4	(16)18	(5)0.4	31.14	30.66	31.18
7	(7)1	(11)8	(8)2	(2)0.05	(13)12	(3)0.1	39.81	39.61	40.80
8	(8)2	(15)16	(14)14	(12)10	(10)5	(1)0.01	42.48	41.86	73.79
9	(9)4	(2)0.05	(3)0.1	(5)0.4	(7)1	(16)18	24.97	24.65	25.05
10	(10)5	(6)0.8	(9)4	(15)16	(4)0.2	(14)14	50.29	51.22	50.54
11	(11)8	(10)5	(15)16	(8)2	(1)0.01	(12)10	60.71	60.43	59.69
12	(12)10	(14)14	(4)0.2	(1)0.01	(15)16	(10)5	67.01	71.99	65.12
13	(13)12	(1)0.01	(10)5	(11)8	(12)10	(8)2	32.77	30.86	33.70
14	(14)14	(5)0.4	(16)18	(4)0.2	(9)4	(6)0.8	29.94	28.68	30.66
15	(15)16	(9)4	(5)0.4	(14)14	(6)0.8	(4)0.2	67.87	69.25	67.04
16	(16)18	(13)12	(11)8	(7)7	(3)0.1	(2)0.05	55.56	55.28	56.52
17	(17)20	(17)20	(17)20	(17)20	(17)20	(17)20	79.57	79.43	78.48

6.2.5.3 数据分析

对均匀设计所得到的试验结果通常采用回归分析方法，建立回归方程。

设在一个试验中有 p 个因子 x_1，x_2，…，x_p。

若只考虑 y 关于 p 的线性关系，则可用多元线性回归方法建立回归方程，并对每一系数作显著性检验，然后逐个删去不显著的变量，直到所有系数显著为止。

若考虑 y 关于 p 的二次回归，除每一变量的线性项外，还要考虑变量间的二次项、乘积项，那么回归系数就有

$$2p + C_p^2 + 1 = \frac{(p+1)(p+2)}{2}$$

在本例中 $p=6$，回归系数有 28 个，超过试验次数 $n=17$，这时只能用逐步回归方法从中选出显著的项建立回归方程。

在本例中，根据背景知识，认为死亡率与含量的对数有关，因此先将含量进行变换（这里将六个自变量分别取对数），并考虑其二次项、交叉乘积项等，用逐步回归方法，在显著性水平 0.05 上挑选变量，所建立的方程如下：

$$\begin{aligned}\hat{y} = {} & 27.9 + 4.83\ln Cd + 5.27\ln Cu + 2.29\ln Ni + 0.670(\ln Cd)^2 \\ & + 0.367(\ln Cu)^2 + 0.710(\ln Ni)^2 - 0.576 \times \ln Cd \times \ln Zn \\ & + 0.393 \times \ln Zn \times \ln Ni - 0.401 \times \ln Zn \times \ln Cr \\ & + 0.384 \times \ln Zn \times \ln Pb\end{aligned}$$

对方程作失拟检验与显著性检验的方差分析如表6-6所示。

表6-6 方差分析表

来源	偏差平方和	自由度	均方和	F比
回归	15 628.8	10	1 562.9	72.83
残差	858.5	40	21.5	
其中：失拟	154.5	6	25.7	1.24
纯误差	704.0	34	20.7	
总计	16 485.3	50		

在显著性水平0.05下，$F_{lf} = 1.24 < F_{0.95}(6, 34) = 2.40$，失拟检验的结果是上述方程是合适的，又 $F = 72.83 > F_{0.95}(10, 40) = 2.10$，因而此回归方程是显著的。对每一项回归系数的检验在显著性水平0.05下都是显著的。所以上面所得到的方程是可信的。

此方程对应的标准差的估计为 $\hat{\sigma} = \sqrt{21.5} = 4.633$，决定系数是0.948。此方程反映了该种细胞的死亡率与六种重金属的关系。从方程可以看出Cd、Cu、Ni的含量增加会增加该种细胞的死亡率，Zn与Cd、Ni、Cr、Pb的结合对该种细胞的死亡率有较大影响。

若要寻找最优的工艺参数，可通过求极值的方法获得。

在本例中 $R^2 = 0.9479$，模型：$F = 72.83$，$P < 0.0001$ 可得回归方程（取对数后值）：

$$
\begin{aligned}
Y = &27.8951+4.8334\times Cd+5.2749\times Cu+2.2917\times Ni \\
&-0.5764\times Cd\times Zn+0.3934\times Zn\times Ni-0.4010\times Zn\times Cr \\
&+0.3844\times Zn\times Pb+0.6695\times Cd\times Cd+0.3671\times Cu\times Cu \\
&+0.7102\times Ni\times Ni
\end{aligned}
$$

经SAS或Lingo求极小值得到：

Cd=0.00，Cu=0.00，Ni=0.00，Zn=3.00

Cr=3.00，Pb=0.00时，$Y_{min} = 24.2861$

6.2.5.4 均匀设计中注意的问题

（1）试验方案设计步骤

1）确定试验指标

2）选择试验因素

3）确定因素水平

如果试验方案处理数比较少时，容易接近于饱和设计，以致误差项自由度过小，可适当设置重复。处理数较多时，误差项自由度较大，可以少设或者不设置重复，建议处理数取因子数的 3～5 倍为好。因此，对于均匀设计，因素水平范围可以取宽一些，水平数可多取一些。

4）选择均匀设计表及表头设计

根据试验因素数、试验次数和因素水平数选择均匀设计表。均匀试验结果不能用方差分析法处理，只能用多元回归分析法处理。均匀设计表选定后，接下来进行表头设计。若为等水平表，则根据因素个数在使用表上查出安排因素的列号，再把各因素依其重要程度为序，依次排在表上；若为混合水平均匀设计表，则按水平把各因素分别安排在具有相应水平的列中。

5）制订试验方案

表头设计好后，各因素所在列已确定，将各因素列的水平代码换成相应因素的具体水平值，即得试验设计方案。应该指出，均匀设计表中的空列（即未安排因素的列），既不能用于考察交互作用，也不能用于估计试验误差。

（2）试验结果分析

1）直观分析法

从已做的试验点中挑一个指标值最好的试验点，用该点对应的因素水平组合作为较优工艺条件，该法主要用于缺乏计算工具的场合。

2）回归分析法

通过回归分析，可解决如下问题：

i. 得到因素与指标之间的回归方程；

ii. 根据标准回归系数的绝对值大小，得出各因素对试验指标影响的主次顺序；

iii. 由回归方程的极值点，可求得最优工艺条件。

7　Excel 在试验设计中的应用实例

7.1　单因子的方差分析

例 7-1　播种深度是播种机设计和使用调整的重要因素。现考察小麦播种深度对出苗率的影响，找出最佳播种深度。试验在经过人工处理保证土壤条件一致的试验地上进行。试验地分 12 个小区，取四种播种深度，每种深度重复 3 个小区。这是 1 个四水平单因素试验，取出苗率作为试验指标（%），试验结果如表 7-1 所示。

表 7-1　小麦播种深度与出苗率关系

水平 试验号	A_1 2. 5cm	A_2 5. 0cm	A_3 5. 5cm	A_4 10cm
1	68. 9	71. 1	60. 0	55. 3
2	51. 1	88. 9	55. 6	57. 8
3	62. 4	80. 0	57. 8	60. 0
平均值	60. 8	80. 0	57. 8	57. 7

在这次试验设计中，共有 4 个水平 1 个因子，首先绘制因子效果的折线图（图 7-1）。

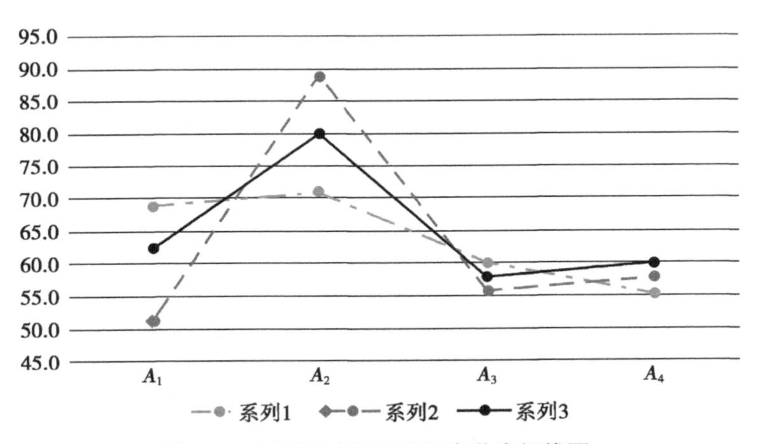

图 7-1　不同深度下试验区出苗率折线图

由上图可知，播种深度 A_2 出苗率良好，使用 Excel 的分析工具对表 7-1 中的数据进行方差分析。当因子仅为 1 个的时候，使用数据分析“方差分析：单因素方差分析”。

单击 Excel 的菜单“工具”—“数据分析”，从出现的对话框中选择“方差分析：单因素方差分析”，再单击“确定”按钮（图 7-2）。

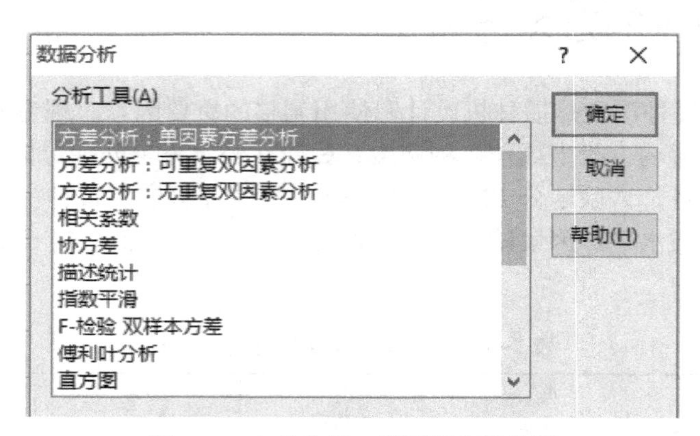

图 7-2　方差分析、单因子方差分析

在出现的对话框中输入范围，单击“确定”按钮，就做成了方差分析表，如图 7-3 所示。

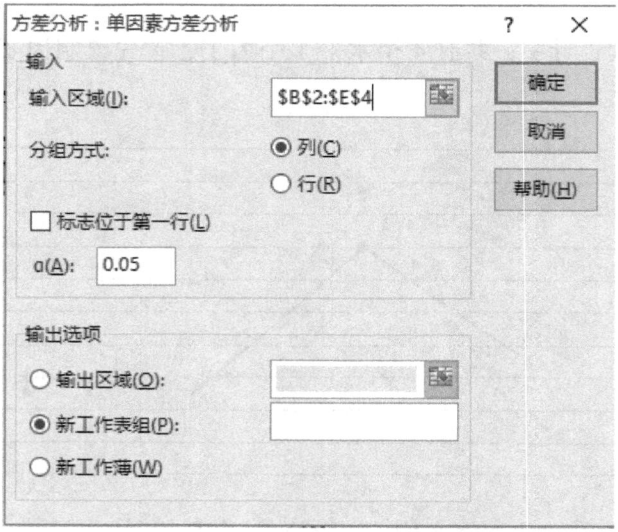

图 7-3　输入方差分析：单因素方差分析的范围

在方差分析表 7-2 中，因子“组间”的 *P* 值是 0.008385，低于 15%，故可以判断该因子有效果。也就是说播种深度不同对出苗率有影响。

表 7-2　方差分析表

组	观测数	求和	平均	方差		
列 1	3	182.4	60.8	81.13		
列 2	3	240.0	80.0	79.21		
列 3	3	173.4	57.8	4.84		
列 4	3	173.1	57.7	5.53		
差异源	*SS*	*df*	*MS*	*F*	*P*-value	*F* crit
组间	1 033.043	3	344.3475	8.068596	0.008385	4.066181
组内	341.42	8	42.6775			
总计	1 374.463	11				

7.2　双因子的方差分析

双因子的因子设计叫作“双因子设计法”或者“双因子方差分析”。例 7-2 对 2 个因子的出苗率调查，并对其结果进行方差分析。

例 7-2　播种深度和速度是播种机设计和使用调整的重要因素。现考察小麦播种深度和速度对出苗率的影响，找出最佳播种深度和播种速度。试验在经过人工处理保证土壤条件一致的试验地，取出苗率作为试验指标（%），试验结果如表 7-3 所示。

表 7-3　小麦播种深度、速度与出苗率关系

深度 速度	A_1 2.5cm	A_2 5.0cm	A_3 5.5cm	A_4 10cm
B_1（4km/h）	68.9	71.1	60.0	55.3
B_2（5km/h）	51.1	88.9	55.6	57.8
B_3（6km/h）	62.4	80.0	57.8	60.0

这个因子设计中有 2 个因子，分别是水平数为 4 的播种深度和水平数为 3 的播种速度。其因子效果如折线图 7-4 所示。

从图 7-4 中可以看出，不论是播种深度还是速度，出苗率都不尽相同。使用 Excel 的分析工具“方差分析：无重复双因素分析”进行分析，结果如图7-5 所示。

95.0
90.0
85.0
80.0
75.0
70.0
65.0
60.0
55.0
50.0
45.0
A_1
A_2
A_3
A_4
B1
B2
B3

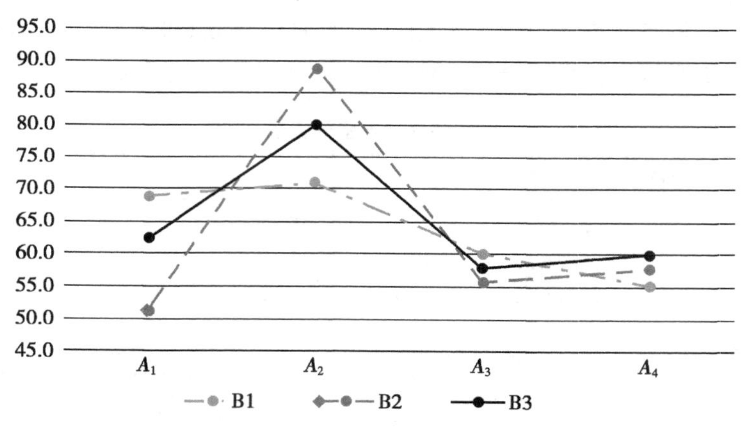

图 7-4　因子效果图

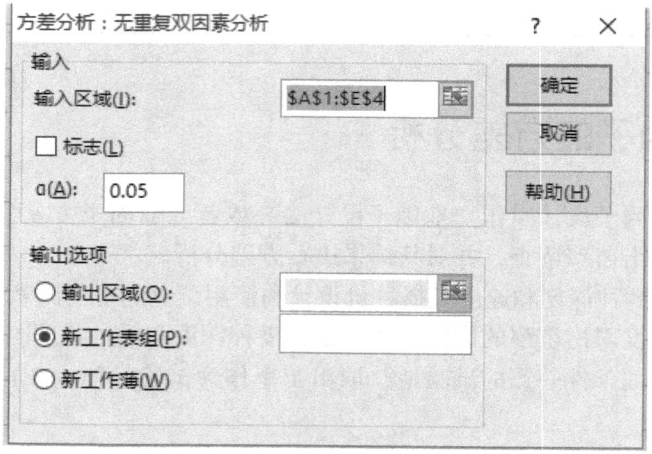

方差分析：无重复双因素分析
?
输入
输入区域(I):
$A$1:$E$4
确定
取消
标志(L)
α(A):
0.05
帮助(H)
输出选项
输出区域(O):
新工作表组(P):
新工作薄(W)

图 7-5　输入方差分析：双因素方差分析的范围

由于播种深度的 P 值低于 15%，播种速度的 P 值高于 15%，说明播种深度有影响，而播种速度对出苗率效果不大。

与单因子一样，该方差分析的思路是分解数据。

数据＝总平均值+因子引起的偏差+误差引起的偏差

只是本例中“因子引起的误差”可以分解为两个因子引起的偏差

数据＝总平均值+播种速度引起的偏差+播种深度引起的偏差+误差引起的偏差

各因子引起的偏差与单因子相同，即每个因子各个水平的平均值与总平均值的差，误差引起的偏差可以通过数据减去因子引起的偏差而求出。

与单因子设计的方差分析（表 7-4）的不同之处在于：其方差比及 P 值是按各因子求出的。只要求出方差比就能算出 P 值，从而判断因子有没有效果。

表 7-4 方差分析结果

组	观测数	求和	平均	方差		
行 1	4	255.3	63.825	55.32917		
行 2	4	253.4	63.35	297.91		
行 3	4	260.2	65.05	102.8633		
列 1	3	182.4	60.8	81.13		
列 2	3	240	80	79.21		
列 3	3	173.4	57.8	4.84		
列 4	3	173.1	57.7	5.53		
差异源	*SS*	*df*	*MS*	*F*	*P*-value	*F* crit
行	6.155	2	3.0775	0.055076	0.946886	5.143253
列	1 033.043	3	344.3475	6.162543	0.02906	4.757063
误差	335.265	6	55.8775			
总计	1374.463	11				

7.3 多因子的方差分析

Excel 的数据分析最多只能对应双因子的方差分析，但 3 个因子及以上的方差分析基本上也能对应（叫做“多因子设计法”或“多因子方差分析”）。

因子设计中，当有多个因子时，相比方差分析，使用拉丁方阵及正交表不需要勉为其难地设计多因子试验。它们可以减少试验次数，提高效率。Excel 最多只对应双因子的方差分析的理由也在这里。但是，如果仅是 3 个因子，那它的试验次数及调查项目数也在 Excel 的可承受范围内。下面我们利用 Excel 单因子方差分析原理介绍 3 因子方差分析方法。

例 7-3 通过试验的方法研究核桃分选机喂入量和分级滚筒倾角等因素对分级效果的影响。通过试验，分析喂入量、分级滚筒倾角、分级滚筒转速对分级效果的影响，并优选出分级的合适参数，在不考虑交互作用的情况下，采用多指标正交试验设计安排试验。经综合考虑，选取试验因素为：喂入量、分级滚筒倾角和分级滚筒转速。试验指标为：分级合格率。详见表 7-5 和表 7-6。

表 7-5 试验因素及水平

水平	A 喂入量（kg/min）	B 分级滚筒倾角（°）	C 分级滚筒转速（r/min）
1	10	20	45
2	15	10	60
3	20	15	75

表 7-6 试验方案与结果

试验号	A	B	空列	C	分级合格率（%）
1	1（10）	1（20）	1	1（45）	86
2	1	2（10）	2	2（60）	91
3	1	3（15）	3	3（75）	89
4	2（15）	1	2	3	80
5	2	2	3	1	90
6	2	3	1	2	91
7	3（20）	1	3	2	82
8	3	2	1	3	85
9	3	3	2	1	87

这是由三水平的喂入量、三水平的分级滚筒倾角和三水平的分级滚筒转速组成的因子设计。为了求该因子设计的方差分析表，需要实施 3 次单因子方差分析。按因子类别逐个标记数据，做成 3 个一元表，并利用 Excel 分析工具“方差分析：单因素方差分析”分别对各表求其方差分析表，如表 7-7～表 7-12。

表 7-7 喂入量单因子分析

A	1	2	3
合格率	86	80	82
	91	90	85
	89	91	81

表 7-8 方差分析：喂入量方差分析

组	观测数	求和	平均	方差		
列 1	3	266	88.66667	6.333333		
列 2	3	261	87	37		
列 3	3	248	82.66667	4.333333		
差异源	*SS*	*df*	*MS*	*F*	*P*-value	*F* crit
组间	55.55556	2	28.77778	1.811189	0.242441	5.143253
组内	95.33333	6	15.88889			
总计	152.8889	8				

表 7-9 分级滚筒倾角单因子分析

B	1	2	3
合格率	86	91	89
	80	90	91
	82	85	81

表 7-10 方差分析：分级滚筒倾角方差分析

组	观测数	求和	平均	方差	
列 1	3	248	82. 66667	9. 333333	
列 2	3	266	88. 66667	10. 33333	
列 3	3	261	87	28	
差异源	*SS*	*df*	*MS*	*F*	*P*-value
组间	55. 55556	2	28. 77778	1. 811189	0. 242441
组内	95. 33333	6	15. 88889		
总计	152. 8889	8			

表 7-11 分级滚筒转速单因子分析

C	1	2	3
合格率	86	91	89
	90	91	90
	81	82	85

表 7-12 方差分析：分级滚筒转速方差析

组	观测数	求和	平均	方差		
列 1	3	257	85. 66667	20. 33333		
列 2	3	264	88	27		
列 3	3	264	88	7		
差异源	*SS*	*df*	*MS*	*F*	*P*-value	*F* crit
组间	10. 88889	2	5. 444444	0. 300613	0. 750896	5. 143253
组内	108. 6667	6	18. 11111			
总计	119. 5556	8				

从得到的方差分析表中，挑出因子的偏差平方和、自由度和方差及总计的偏差平方和、自由度，输入到新的方差分析表 7-13 中。

表 7-13　方差分析

差异源	*SS*	*df*	*MS*	*F*	*P*-value	*F* crit
A	55.55556	2	28.77778	(4)	(7)	(10)
B	55.55556	2	28.77778	(5)	(8)	(11)
C	15.55556	2	8.777778	(6)	(9)	(12)
误差	(1)	(2)	(3)			
总计	152.8889	8				

方差分析中空白处（1）～（12）的值可如下计算。

（1）误差的偏差平方和=整体的偏差平方和-喂入量的偏差平方和-分级滚筒倾角的偏差平方和-分级滚筒转速的偏差平方和
=152.8889-55.55556-55.55556-15.55556
=20.22222

（2）误差的自由度=合计的自由度-喂入量的自由度-分级滚筒倾角的自由度-分级滚筒转速的自由度
=8-2-2-2=2

（3）误差的方差=误差的偏差平方和/误差的自由度
=20.22222/2=10.1111

（4）喂入量的方差比=喂入量的方差/误差的方差
=28.77778/10.1111=2.846154

（5）分级滚筒倾角的方差比=分级滚筒倾角的方差/误差的方差
=28.77778/10.1111=2.846154

（6）分级滚筒转速的方差比=分级滚筒转速的方差/误差的自由度
=8.777778/10.1111=0.868132

根据所求的方差比，利用 Excel 函数求出各自的 *P* 值。将下面的 FDIST 函数公式输入到 Excel 的任意单元格。

（7）喂入量的 *P* 值=FDIST(2.846154,2,2)= 0.26

（8）分级滚筒倾角的 *P* 值=FDIST(2.846154,2,2)= 0.26

（9）分级滚筒转速的 *P* 值=FDIST(0.868132,2,2)= 0.535294118

其实 *F* 临界值可以用 Excel 函数（FINV 函数）求出，如下：

（10）喂入量的 *F* 临界值=FINV(0.05,2,2)= 19

（11）分级滚筒倾角的 *F* 临界值= FINV(0.05,2,2)= 19

（12）分级滚筒转速的 *F* 临界值= FINV (0.05,2,2)=19

综上所述，可得出如下表所示的 3 因子方差分析表。由表 7-14 可知，各因子的 P 值都在 15%以上，可知对分级合格率影响不大。出现此种无显著影响情况的原因，一方面可能是所考虑的因素、水平不全或不合理；另一方面可能由于试验中存在较大不可忽略的误差影响。为得到更加科学合理的试验结果，可以考虑重新进行试验方案设计，具体本章节不作阐述。

对于其它多因子方差分析表也可以通过 Excel 的分析工具求出。

表 7-14　因子的方差分析表

差异源	*SS*	*df*	*MS*	*F*	*P*-value	*F* crit
A	55. 55556	2	28. 77778	2. 846154	0. 26	19
B	55. 55556	2	28. 77778	2. 846154	0. 26	19
C	15. 55556	2	8. 777778	0. 868132	0. 535294118	19
误差	20. 22222	2	10. 11111			
总计	152. 8889	8				

7.4　回归分析

回归分析是求回归直线的分析方法，Excel 数据分析中的回归分析功能作为多因子设计的解析方法，使用回归分析可以通过一连串的操作来解析多因子，而不用像方差分析一样重复相同的步骤。由于 Excel 的分析工具中有回归分析功能，我们可以利用它来解析多因子设计。

7.4.1　单因子回归分析与方差分析

例 7-4　上海市某生产队在摸索小麦高产经验过程中，经多次试验总结出一种根据小麦基本苗数推算小麦成熟期有效穗数的方法，他们在五块田上进行了对比试验，在同样的肥料和管理水平下，取得如表 7-15 的数据。

表 7-15

试验号 i	基本苗数 X_i（万/亩）	有效穗数 Y_i（万/亩）
1	15	39. 4
2	25. 3	42. 9
3	30	41
4	36. 6	43. 1
5	44. 4	49. 2

为了使用数据分析来实施回归分析，从菜单“工具”—单击“数据分析”，如图 7-6 所示，在出现的对话框中选择“回归”，单击“确定”按钮。

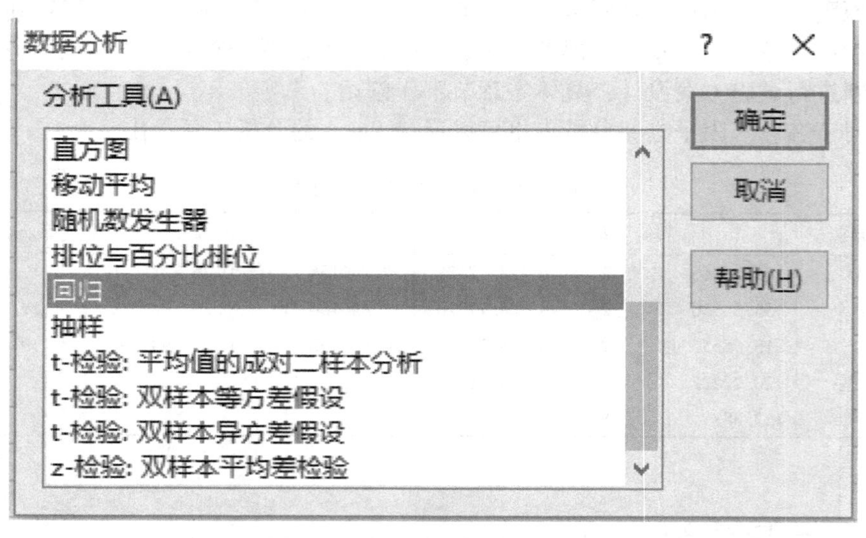

图 7-6　分析工具中的回归分析

在出现的对话框中（图 7-7），包括标志在内给“Y 值输入区域”选定有效穗数的单元格，给“X 值输入区域”选定基本苗数的单元格，并在“标志”和“线性拟合图”处打钩，单击“确定”按钮。

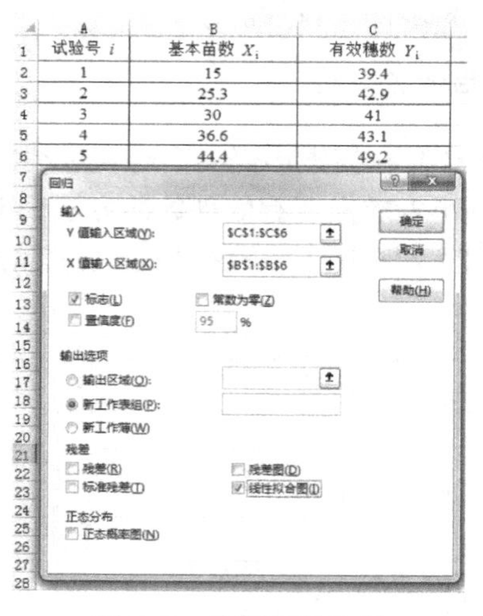

试验号 i	基本苗数 X_i	有效穗数 Y_i
1	15	39.4
2	25.3	42.9
3	30	41
4	36.6	43.1
5	44.4	49.2

图 7-7　执行回归分析

SUMMARY OUTPUT

回归统计	
Multiple R	0.869171
R Square	0.755458
Adjusted R Square	0.673945
标准误差	2.124059
观测值	5

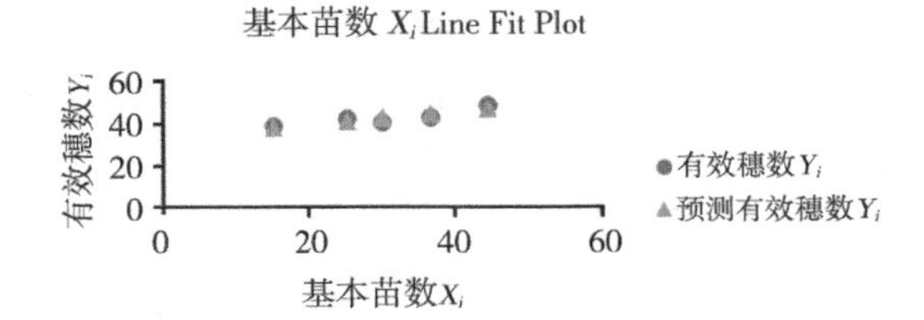

方差分析

	df	*SS*	*MS*	*F*	Significance *F*
回归分析	1	41.81311	41.81311	9.267854	0.055677
残差	3	13.53489	4.511628		
总计	4	55.348			

	Coefficients	标准误差	*t* Stat	*P*-value	Lower 95%	Upper 95%	下限 95.0%	上限 95.0%
Intercept	34.34891	3.033691	11.32248	0.001478	24.69435	44.00347	24.69435	44.00347
基本苗数 X_i	0.289858	0.095213	3.044315	0.055677	-0.01315	0.592867	-0.01315	0.592867

RESIDUAL OUTPUT

观测值	预测有效穗数 Y_i	残差
1	38.69677	0.703227
2	41.68231	1.217694
3	43.04464	-2.04464
4	44.9577	-1.8577
5	45.21859	1.981414

图 7-8　回归分析结果

在图 7-8 中第 3 个表中“Coefficients（系数）”的数值即可得回归方程

$$y=0.2899x + 34.3489$$

为检验回归方程是否有意义，需要对回归分析进行方差分析。回归方程的方差分析与因子设计的方差分析在内容上有所不同。因子设计的方差分析通过把“因子的方差”与“误差的方差”相比较来判断“因子有没有效果”，回归分析则是把“回归的方差”与“误差的方差”相比较来判断“回归方程有没有意义”。

图7-8中第2个表是回归方差的分析表。

单回归分析的回归自由度通常为1。根据所求的方差比9.267854，可通过Excel的FDIST函数求得P值。FDIST(9.267854,1,3)=0.055677。Excel回归分析的方差分析表中将P值称为显著性F。由于P值小于15%，表明该回归方程有意义（表7-16）。

表7-16　方差分析

	df	*SS*	*MS*	*F*	Significance *F*
回归分析	1	41.81311	41.81311	9.267854	0.055677
残差	3	13.53489	4.511628		
总计	4	55.348			

7.4.2　双因子回归分析与方差分析

我们使用回归分析对本章第2节中例7-2双因子设计进行解析（表7-17和表7-18）。

表7-17　小麦播种深度、速度与出苗率关系

深度 / 速度	A_1 2.5cm	A_2 5.0cm	A_3 5.5cm	A_4 10cm
B_1（4km/h）	68.9	71.1	60.0	55.3
B_2（5km/h）	51.1	88.9	55.6	57.8
B_3（6km/h）	62.4	80.0	57.8	60.0

表7-18　试验方案与结果

	A_1	A_2	A_3	A_4	B_1	B_2	B_3	出苗率
1	1	0	0	0	1	0	0	68.9
2	1	0	0	0	0	1	0	51.1
3	1	0	0	0	0	0	1	62.4
4	0	1	0	0	1	0	0	71.1
5	0	1	0	0	0	1	0	88.9
6	0	1	0	0	0	0	1	80
7	0	0	1	0	1	0	0	60
8	0	0	1	0	0	1	0	55.6
9	0	0	1	0	0	0	1	57.8
10	0	0	0	1	1	0	0	55.3
11	0	0	0	1	0	1	0	57.8
12	0	0	0	1	0	0	1	60

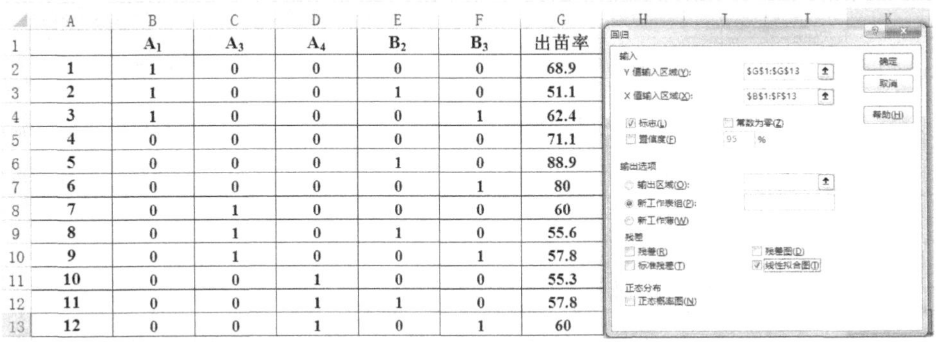

	A	B	C	D	E	F	G
1		A_1	A_3	A_4	B_2	B_3	出苗率
2	1	1	0	0	0	0	68.9
3	2	1	0	0	1	0	51.1
4	3	1	0	0	0	1	62.4
5	4	0	0	0	0	0	71.1
6	5	0	0	0	1	0	88.9
7	6	0	0	0	0	1	80
8	7	0	1	0	0	0	60
9	8	0	1	0	1	0	55.6
10	9	0	1	0	0	1	57.8
11	10	0	0	1	0	0	55.3
12	11	0	0	1	1	0	57.8
13	12	0	0	1	0	1	60

回归
输入
Y 值输入区域(Y): $G$1:$G$13
X 值输入区域(X): $B$1:$F$13
标志(L) 常数为零(Z)
置信度(F) 95 %
输出选项
输出区域(O):
新工作表组(P):
新工作簿(W)
残差
残差(R) 残差图(D)
标准残差(T) 线性拟合图(I)
正态分布
正态概率图(N)
确定
取消
帮助(H)

SUMMARY OUTPUT

回归统计	
Multiple R	0.869526
R Square	0.756076
Adjusted R Square	0.552805
标准误差	5.475125
观测值	12

表 7-19 方差分析表

方差分析					
	df	*SS*	*MS*	*F*	Significance *F*
回归分析	5	1037.198	207.8395	3.719556	0.070429
残差	6	335.265	55.8775		
总计	11	1374.463			

表 7-20 回归分析表

	Coefficients	标准误差	t Stat	P-value	Lower 95%	Upper 95%	下限 95.0%
Intercept	79.75	5.285712	15.08784	5.34E-06	66.81633	92.68367	66.81633
A_1	-19.2	6.103414	-3.14578	0.019921	-34.1345	-4.26548	-34.1345
A_3	-22.2	6.103414	-3.63731	0.01087	-35.1345	-5.26548	-35.1345
A_4	-22.3	6.103414	-3.65369	0.010659	-35.2345	-5.36548	-35.2345

（续表）

	Coefficients	标准误差	t Stat	P-value	Lower 95%	Upper 95%	下限 95.0%
B_2	-0.475	5.285712	-0.08986	0.931319	-13.4087	12.45867	-13.4087
B_3	1.225	5.285712	0.231757	0.824429	-11.7087	14.15867	-11.7087

由表 7-20 可得回归方程：

$$y=-19.2A_1-22.2A_3-22.3A_4-0.475B_2+1.225B_3+79.75$$

由方差分析表 7-19 可知 P 值为 0.07，小于 15%，表明该回归方程有意义。

参考文献

陈魁 . 2006. 试验设计与分析（第二版）［M］. 北京：清华大学出版社 .

方开泰，马长兴 . 2001. 正交与均匀试验设计［M］.北京：科学出版社 .

何月娥，杨孝文 . 1986. 农机试验设计［M］. 北京：机械工业出版社 .

蒙哥马利（Montgomery，D. C.）. 2009. 实验设计与分析［M］. 傅珏生，张健，王振羽等译 . 第 6 版 . 北京：人民邮电出版社 .

上田太一郎监修，上田和明，高桥玲子，等 . 2006. 用 Excel 学试验设计法［M］. 韩荣芳译 . 北京：科学出版社 .

杨德 . 2001. 试验设计与分析［M］. 北京：中国农业出版社 .

附录1　常用术语解释

（1）试验指标：在一项试验中，根据试验目的，所考察的试验结果的特征量或者现象称为试验指标。

（2）定量指标：可以用数量表示的试验指标。

（3）定性指标：不能直接用数量来表示的试验指标称为定性指标。

（4）因素：在试验中需要考察的、对试验指标可能有影响的原因称为因素，常用大写字母 A、B、C 等表示。

（5）水平：因素在试验中所选取的状态或条件称为水平。常用该因素字母加下角标来表示。在试验中需要考察某因素的几种状态时，则称该因素为几水平的因素。

（6）多因素试验：在一项试验中需要考察多个因素，而每个因素又有多个水平的试验称为多因素试验。

（7）交互作用：在一项试验中，若各个因素对某一试验指标不仅单独起作用，而且因素之间对试验指标产生共同影响，这种作用称为交互作用。

（8）试验设计：明确所要考察的因素及水平后对试验进行总体安排称为试验设计。

（9）单指标试验：一个试验问题中仅考察一个试验指标称为单指标试验。

（10）多指标试验：一个试验问题中若考察两个或多个以上试验指标称为多指标试验。

（11）正交试验设计：应用正交表来编排多因素试验，并运用数理统计理论来分析试验数据，从而以较少的试验次数，得到全面信息的一种方法。

（12）试验误差：试验结果常用指标的测量值与指标理论值之间的偏差。

（13）区组：在试验过程中，保持试验操作条件相同或相似的若干个试验组成的集合。

（14）区组设计：在因素试验中，为了防止不需要考察而又不可控制的试验条件和考察因素的混杂对试验结果产生影响，而采取划分区组来安排试验，以分开或消除干扰的影响，这一系列技术措施叫区组设计。

（15）回归设计：在多元线性回归的基础上用主动收集数据的方法获得具有较好性质的回归方程的一种试验设计方法。

（16）均匀设计：采用均匀设计表来安排试验，用回归分析进行数据分析的一种试验设计方法。

附录 2　常用正交表

（1）L_4（2^3）

列号 试验号	1	2	3
1	1	1	1
2	1	2	2
3	2	1	2
4	2	2	1

（2）L_8（2^7）

列号 试验号	1	2	3	4	5	6	7
1	1	1	1	1	1	1	1
2	1	1	1	2	2	2	2
3	1	2	2	1	1	2	2
4	1	2	2	2	2	1	1
5	2	1	2	1	2	1	2
6	2	1	2	2	1	2	1
7	2	2	1	1	2	2	1
8	2	2	1	2	1	1	2

L_8（2^7）二列间的交互作用表

列号 列号	1	2	3	4	5	6	7
	(1)	3	2	5	4	7	6
		(2)	1	6	7	4	5
			(3)	7	6	5	4
				(4)	1	2	3
					(5)	3	2
						(6)	1
							(7)

L_8（2^7）表头设计

因子数＼列号	1	2	3	4	5	6	7
3	A	B	A×B	C	A×C	B×C	
4	A	B	A×B C×D	C	A×C B×D	B×C A×D	D
4	A	B C×D	A×B	C B×D	A×C	D B×C	A×D
5	A D×E	B C×D	A×B C×E	C B×D	A×C B×E	D A×E B×C	E A×D

（3）L_8（4×2^4）

试验号＼列号	1	2	3	4	5
1	1	1	1	1	1
2	1	2	2	2	2
3	2	1	1	2	2
4	2	2	2	1	1
5	3	1	2	1	2
6	3	2	1	2	1
7	4	1	2	2	1
8	4	2	1	1	2

L_8（4×2^4）表头设计

因子数＼列号	1	2	3	4	5
2	A	B	$(A\times B)_1$	$(A\times B)_2$	$(A\times B)_3$
3	A	B	C		
4	A	B	C	D	
5	A	B	C	D	E

(4) $L_{12}(2^{11})$

列号 / 试验号	1	2	3	4	5	6	7	8	9	10	11
1	1	1	1	1	1	1	1	1	1	1	1
2	1	1	1	1	1	2	2	2	2	2	2
3	1	1	2	2	2	1	1	1	2	2	2
4	1	2	1	2	2	1	2	2	1	1	2
5	1	2	2	1	2	2	1	2	1	2	1
6	1	2	2	2	1	2	2	1	2	1	1
7	2	1	2	2	1	1	2	2	1	2	1
8	2	1	2	1	2	2	2	1	1	1	2
9	2	1	1	2	2	2	1	2	2	1	1
10	2	2	2	1	1	1	1	2	2	1	2
11	2	2	1	2	1	2	1	1	1	2	2
12	2	2	1	1	2	1	2	1	2	2	1

(5) $L_{16}(2^{15})$

列号 / 试验号	1	2	3	4	5	6	7	8	9	10	11	12	13	14	15
1	1	1	1	1	1	1	1	1	1	1	1	1	1	1	1
2	1	1	1	1	1	1	1	2	2	2	2	2	2	2	2
3	1	1	1	2	2	2	2	1	1	1	1	2	2	2	2
4	1	1	1	2	2	2	2	2	2	2	2	1	1	1	1
5	1	2	2	1	1	2	2	1	1	2	2	1	1	2	2
6	1	2	2	1	1	2	2	2	2	1	1	2	2	1	1
7	1	2	2	2	2	1	1	1	1	2	2	2	2	1	1
8	1	2	2	2	2	1	1	2	2	1	1	1	1	2	2
9	2	1	2	1	2	1	2	1	2	1	2	1	2	1	2
10	2	1	2	1	2	1	2	2	1	2	1	2	1	2	1
11	2	1	2	2	1	2	1	1	2	1	2	2	1	2	1
12	2	1	2	2	1	2	1	2	1	2	1	1	2	1	2
13	2	2	1	1	2	2	1	1	2	2	1	1	2	2	1
14	2	2	1	1	2	2	1	2	1	1	2	2	1	1	2
15	2	2	1	2	1	1	2	1	2	2	1	2	1	1	2
16	2	2	1	2	1	1	2	2	1	1	2	1	2	2	1

L_{16}（2^{15}） 二列间的交互作用表

1	2	3	4	5	6	7	8	9	10	11	12	13	14	15
(1)	3	2	5	4	7	6	9	8	11	10	13	12	15	14
	(2)	1	6		4	5	10	11	8	9	14	15	12	13
		(3)	7	6	5	4	11	10	9	8	15	14	13	12
			(4)	1	2	3	12	13	14	15	8	9	10	11
				(5)	3	2	13	12	15	14	9	8	11	10
					(6)	1	14	15	12	13	10	11	8	9
						(7)	15	14	13	12	11	10	9	8
							(8)	1	2	3	4	5	6	7
								(9)	3	2	5	4	7	6
									(10)	1	6	7	4	5
										(11)	7	6	5	4
											(12)	1	2	3
												(13)	3	2
													(14)	1

（6） L_{16}（4×2^{12}）

列号 试验号	1	2	3	4	5	6	7	8	9	10	11	12	13
1	1	1	1	1	1	1	1	1	1	1	1	1	1
2	1	1	1	1	1	2	2	2	2	2	2	2	2
3	1	2	2	2	2	1	1	1	1	2	2	2	2
4	1	2	2	2	2	2	2	2	2	1	1	1	1
5	2	1	1	2	2	1	1	2	2	1	1	2	2
6	2	1	1	2	2	2	2	1	1	2	2	1	1
7	2	2	2	1	1	1	1	2	2	2	2	1	1
8	2	2	2	1	1	2	2	1	1	1	1	2	2
9	3	1	2	1	2	1	2	1	2	1	2	1	2
10	3	1	2	1	2	2	1	2	1	2	1	2	1
11	3	2	1	2	1	1	2	1	2	2	1	2	1
12	3	2	1	2	1	2	1	2	1	1	2	1	2
13	4	1	2	2	1	1	2	2	1	1	2	2	1
14	4	1	2	2	1	2	1	1	2	2	1	1	2
15	4	2	1	1	2	1	2	2	1	2	1	1	2
16	4	2	1	1	2	2	1	1	2	1	2	2	1

L_{16}（4×2^{12}）表头设计

因子数＼列号	1	2	3	4	5	6	7
3	A	B	$(A\times B)_1$	$(A\times B)_2$	$(A\times B)_3$	C	$(A\times C)_1$
4	A	B	$(A\times B)_1$ C×D	$(A\times B)_2$	$(A\times B)_3$	C	$(A\times C)_1$ B×D
5	A	B	$(A\times B)_1$ C×D	$(A\times B)_2$ C×E	$(A\times B)_3$	C	$(A\times C)_1$ B×D

因子数＼列号	8	9	10	11	12	13	
3	$(A\times C)_2$	$(A\times C)_3$	B×C				
4	$(A\times C)_2$	$(A\times C)_3$	B×C $(A\times D)_1$	D	$(A\times D)_3$	$(A\times D)_2$	
5	$(A\times C)_2$ B×E	$(A\times C)_3$	B×C $(A\times D)_1$ $(A\times E)_2$	D $(A\times E)_3$	E $(A\times D)_3$	$(A\times E)_1$ $(A\times D)_2$	

（7）L_{16}（$4^2\times2^9$）

试验号＼列号	1	2	3	4	5	6	7	8	9	10	11
1	1	1	1	1	1	1	1	1	1	1	1
2	1	2	1	1	1	2	2	2	2	2	2
3	1	3	2	2	2	1	1	1	2	2	2
4	1	4	2	2	2	2	2	2	1	1	1
5	2	1	1	2	2	1	2	2	1	2	2
6	2	2	1	2	2	2	1	1	2	1	1
7	2	3	2	1	1	1	2	2	2	1	1
8	2	4	2	1	1	2	1	1	1	2	2
9	3	1	2	1	2	2	1	2	2	1	2
10	3	2	2	1	2	1	2	1	1	2	1
11	3	3	1	2	1	2	1	2	1	2	1
12	3	4	1	2	1	1	2	1	2	1	2
13	4	1	2	2	1	2	2	1	2	2	1
14	4	2	2	2	1	1	1	2	1	1	2
15	4	3	1	1	2	2	2	1	1	1	2
16	4	4	1	1	2	1	1	2	2	2	1

（8）L_{16}（$4^3 \times 2^6$）

试验号 \ 列号	1	2	3	4	5	6	7	8	9
1	1	1	1	1	1	1	1	1	1
2	1	2	2	1	1	2	2	2	2
3	1	3	3	2	2	1	1	2	2
4	1	4	4	2	2	2	2	1	1
5	2	1	2	2	2	1	2	1	2
6	2	2	1	2	2	2	1	2	1
7	2	3	4	1	1	1	2	2	1
8	2	4	3	1	1	2	1	1	2
9	3	1	3	1	2	2	2	2	1
10	3	2	4	1	2	1	1	1	2
11	3	3	1	2	1	2	2	1	2
12	3	4	2	2	1	1	1	2	1
13	4	1	4	2	1	2	1	2	2
14	4	2	3	2	1	1	2	1	1
15	4	3	2	1	2	2	1	1	1
16	4	4	1	1	2	1	2	2	2

（9）L_{16}（$4^4 \times 2^3$）

试验号 \ 列号	1	2	3	4	5	6	7
1	1	1	1	1	1	1	1
2	1	2	2	2	1	2	2
3	1	3	3	3	2	1	2
4	1	4	4	4	2	2	1
5	2	1	2	3	2	2	1
6	2	2	1	4	2	1	2
7	2	3	4	1	1	2	2
8	2	4	3	2	1	1	1
9	3	1	3	4	1	2	2
10	3	2	4	3	1	1	1
11	3	3	1	2	2	2	1
12	3	4	2	1	2	1	2
13	4	1	4	2	2	1	2
14	4	2	3	1	2	2	1
15	4	3	2	4	1	1	1
16	4	4	1	3	1	2	2

（10）L_{16}（4^5）

试验号＼列号	1	2	3	4	5
1	1	1	1	1	1
2	1	2	2	2	2
3	1	3	3	3	3
4	1	4	4	4	4
5	2	1	2	3	4
6	2	2	1	4	3
7	2	3	4	1	2
8	2	4	3	2	1
9	3	1	3	4	2
10	3	2	4	3	1
11	3	3	1	2	4
12	3	4	2	1	3
13	4	1	4	2	3
14	4	2	3	1	4
15	4	3	2	4	1
16	4	4	1	3	2

（11）L_{16}（8×2^8）

试验号＼列号	1	2	3	4	5	6	7	8	9
1	1	1	1	1	1	1	1	1	1
2	1	2	2	2	2	2	2	2	2
3	2	1	1	1	1	2	2	2	2
4	2	2	2	2	2	1	1	1	1
5	3	1	1	2	2	1	1	2	2
6	3	2	2	1	1	2	2	1	1
7	4	1	1	2	2	2	2	1	1
8	4	2	2	1	1	1	1	2	2
9	5	1	2	1	2	1	2	1	2
10	5	2	1	2	1	2	1	2	1
11	6	1	2	1	2	2	1	2	1
12	6	2	1	2	1	1	2	1	2
13	7	1	2	2	1	1	2	2	1
14	7	2	1	1	2	2	1	1	2
15	8	1	2	2	1	2	1	1	2
16	8	2	1	1	2	1	2	2	1

（12） L_{20} （2^{19}）

试验号＼列号	1	2	3	4	5	6	7	8	9	10	11	12	13	14	15	16	17	18	19
1	1	1	1	1	1	1	1	1	1	1	1	1	1	1	1	1	1	1	1
2	2	2	1	1	2	2	2	2	1	2	1	2	1	1	1	1	2	2	1
3	2	1	1	2	2	2	2	1	2	1	2	1	1	1	1	2	2	1	2
4	1	1	2	2	2	2	1	2	1	2	1	1	1	1	2	2	1	2	2
5	1	2	2	2	2	1	2	1	2	1	1	1	1	2	2	1	2	2	1
6	2	2	2	2	1	2	1	2	1	1	1	1	2	2	1	2	2	1	1
7	2	2	2	1	2	1	2	1	1	1	1	2	2	1	2	2	1	1	2
8	2	2	1	2	1	2	1	1	1	1	2	2	1	2	2	1	1	2	2
9	2	1	2	1	2	1	1	1	1	2	2	1	2	2	1	1	2	2	2
10	1	2	1	2	1	1	1	1	2	2	1	2	2	1	1	2	2	2	2
11	2	1	2	1	1	1	1	2	2	1	2	2	1	1	2	2	2	2	1
12	1	2	1	1	1	1	2	2	1	2	2	1	1	2	2	2	2	1	2
13	2	1	1	1	1	2	2	1	2	2	1	1	1	2	2	2	1	2	1
14	1	1	1	1	2	2	1	2	2	1	1	2	2	2	2	1	2	1	2
15	1	1	1	2	2	1	2	2	1	1	2	2	2	2	1	2	1	2	1
16	1	1	2	2	1	2	2	1	1	2	2	2	2	1	2	1	2	1	1
17	1	2	2	1	2	2	1	1	2	2	2	2	1	2	1	2	1	1	1
18	2	2	1	2	2	1	1	2	2	2	2	1	2	1	2	1	1	1	1
19	2	1	2	2	1	1	2	2	2	2	1	2	1	2	1	1	1	1	2
20	1	2	2	1	1	2	2	2	2	1	2	1	2	1	1	1	1	2	2

（13） L_9 （3^4）

试验号＼列号	1	2	3	4
1	1	1	1	1
2	1	2	2	2
3	1	3	3	3
4	2	1	2	3
5	2	2	3	1
6	2	3	1	2
7	3	1	3	2
8	3	2	1	3
9	3	3	2	1

(14) L_{18} (2×3^7)

试验号＼列号	1	2	3	4	5	6	7	8
1	1	1	1	1	1	1	1	1
2	1	1	2	2	2	2	2	2
3	1	1	3	3	3	3	3	3
4	1	2	1	1	2	2	3	3
5	1	2	2	2	3	3	1	1
6	1	2	3	3	1	1	2	2
7	1	3	1	2	1	3	2	3
8	1	3	2	3	2	1	3	1
9	1	3	3	1	3	2	1	2
10	2	1	1	3	3	2	2	1
11	2	1	2	1	1	3	3	2
12	2	1	3	2	2	1	1	3
13	2	2	1	2	3	1	3	2
14	2	2	2	3	1	2	1	3
15	2	2	3	1	2	3	2	1
16	2	3	1	3	2	3	1	2
17	2	3	2	1	3	1	2	3
18	2	3	3	2	1	2	3	1

(15) L_{27} (3^{13})

试验号＼列号	1	2	3	4	5	6	7	8	9	10	11	12	13
1	1	1	1	1	1	1	1	1	1	1	1	1	1
2	1	1	1	1	2	2	2	2	2	2	2	2	2
3	1	1	1	1	3	3	3	3	3	3	3	3	3
4	1	2	2	2	1	1	1	2	2	2	3	3	3
5	1	2	2	2	2	2	2	3	3	3	1	1	1
6	1	2	2	2	3	3	3	1	1	1	2	2	2
7	1	3	3	3	1	1	1	3	3	3	2	2	2
8	1	3	3	3	2	2	2	1	1	1	3	3	3
9	1	3	3	3	3	3	3	2	2	2	1	1	1
10	2	1	1	3	1	2	3	1	2	3	1	2	3

（续表）

试验号＼列号	1	2	3	4	5	6	7	8	9	10	11	12	13
11	2	1	2	3	2	3	1	2	3	1	2	3	1
12	2	1	3	3	3	1	2	3	1	2	3	1	2
13	2	2	1	1	1	2	3	2	3	1	3	1	2
14	2	2	2	1	2	3	1	3	1	2	1	2	3
15	2	2	3	1	3	1	2	1	2	3	2	3	1
16	2	3	1	2	1	2	3	3	1	2	2	3	1
17	2	3	2	2	2	3	1	1	2	3	3	1	2
18	2	3	3	2	3	1	2	2	3	1	1	2	3
19	3	1	3	2	1	3	2	1	3	2	1	3	2
20	3	1	3	2	2	1	3	2	1	3	2	1	3
21	3	1	3	2	3	2	1	3	2	1	3	2	1
22	3	2	1	3	1	3	2	2	1	3	3	2	1
23	3	2	1	3	2	1	3	3	2	1	1	3	2
24	3	2	1	3	3	2	1	1	3	2	2	1	3
25	3	3	2	1	1	3	2	3	2	1	2	1	3
26	3	3	2	1	2	1	3	1	3	2	3	2	1
27	3	3	2	1	3	2	1	2	1	3	1	3	2

L_{27}（3^{13}）表头设计

因子数＼列号	1	2	3	4	5	6	7
3	A	B	$(A\times B)_1$	$(A\times B)_2$	C	$(A\times C)_1$	$(A\times C)_2$
4	A	B	$(A\times B)_1$ $(C\times D)_2$	$(A\times B)_2$	C	$(A\times C)_1$ $(B\times D)_2$	$(A\times C)_2$

因子数＼列号	8	9	10	11	12	13	
3	$(B\times C)_1$	D	$(A\times D)_1$	$(B\times C)_2$	$(B\times D)_1$	$(C\times D)_1$	
4	$(B\times C)_1$ $(A\times D)_2$		$(A\times D)_1$	$(B\times C)_2$			

L$_{27}$（3^{13}）二列间的交互作用表

1	2	3	4	5	6	7	8	9	10	11	12	13
(1)	3	2	2	6	5	5	9	8	8	12	11	11
	4	4	3	7	7	6	10	10	9	13	13	12
	(2)	1	1	8	9	10	5	6	7	5	6	7
		4	3	11	12	13	11	12	13	8	9	10
		(3)	1	9	10	8	7	5	6	6	7	5
			2	13	11	12	12	13	11	10	8	9
			(4)	10	8	9	6	7	5	7	5	6
				12	13	11	13	11	12	9	10	8
				(5)	1	1	2	3	4	2	4	3
					7	6	11	13	12	8	10	9
					(6)	1	4	2	3	3	2	4
						5	13	12	11	10	9	8
						(7)	3	4	2	4	3	2
							12	11	13	9	8	10
							(8)	1	1	2	3	4
								10	9	5	7	6
								(9)	1	4	2	3
									8	7	6	5
									(10)	3	4	2
										6	5	7
										(11)	1	1
											13	12
											(12)	1
												11

（16）L$_{25}$（5^6）

因子数 \ 列号	1	2	3	4	5	6
1	1	1	1	1	1	1
2	1	2	2	2	2	2
3	1	3	3	3	3	3
4	1	4	4	4	4	4
5	1	5	5	5	5	5

（续表）

列号 因子数	1	2	3	4	5	6
6	2	1	2	3	4	5
7	2	2	3	4	5	1
8	2	3	4	5	1	2
9	2	4	5	1	2	3
10	2	5	1	2	3	4
11	3	1	3	5	2	4
12	3	2	4	1	3	5
13	3	3	5	2	4	1
14	3	4	1	3	5	2
15	3	5	2	4	1	3
16	4	1	4	2	5	3
17	4	2	5	3	1	4
18	4	3	1	4	2	5
19	4	4	2	5	3	1
20	4	5	3	1	4	2
21	5	1	5	4	3	2
22	5	2	1	5	4	3
23	5	3	2	1	5	4
24	5	4	3	2	1	5
25	5	5	4	3	2	1

（17） $L_{32}(2^{31})$

列号 试验号	1	2	3	4	5	6	7	8	9	10	11	12	13	14	15	16	17	18	19	20	21	22	23	24	25	26	27	28	29	30	31
1	1	1	1	1	1	1	1	1	1	1	1	1	1	1	1	1	1	1	1	1	1	1	1	1	1	1	1	1	1	1	1
2	1	1	1	1	1	1	1	1	1	1	1	1	1	1	1	2	2	2	2	2	2	2	2	2	2	2	2	2	2	2	2
3	1	1	1	1	1	1	1	2	2	2	2	2	2	2	2	1	1	1	1	1	1	1	1	2	2	2	2	2	2	2	2
4	1	1	1	1	1	1	1	2	2	2	2	2	2	2	2	2	2	2	2	2	2	2	2	1	1	1	1	1	1	1	1
5	1	1	1	2	2	2	2	1	1	1	1	2	2	2	2	1	1	1	1	2	2	2	2	1	1	1	1	2	2	2	2
6	1	1	1	2	2	2	2	1	1	1	1	2	2	2	2	2	2	2	2	1	1	1	1	2	2	2	2	1	1	1	1
7	1	1	1	2	2	2	2	2	2	2	2	1	1	1	1	1	1	1	1	2	2	2	2	2	2	2	2	1	1	1	1
8	1	1	1	2	2	2	2	2	2	2	2	1	1	1	1	2	2	2	2	1	1	1	1	1	1	1	1	2	2	2	2
9	1	2	2	1	1	2	2	1	1	2	2	1	1	2	2	1	1	2	2	1	1	2	2	1	1	2	2	1	1	2	2

（续表）

列号 / 试验号	1	2	3	4	5	6	7	8	9	10	11	12	13	14	15	16	17	18	19	20	21	22	23	24	25	26	27	28	29	30	31
10	1	2	2	1	1	2	2	1	1	2	2	1	1	2	2	2	2	1	1	2	2	1	1	2	2	1	1	2	2	1	1
11	1	2	2	1	1	2	2	2	2	1	1	2	2	1	1	1	1	2	2	1	1	2	2	2	2	1	1	2	2	1	1
12	1	2	2	1	1	2	2	2	2	1	1	2	2	1	1	2	2	1	1	2	2	1	1	1	1	2	2	1	1	2	2
13	1	2	2	2	2	1	1	1	1	2	2	1	1	1	1	1	1	2	2	2	2	1	1	1	1	2	2	2	2	1	1
14	1	2	2	2	2	1	1	1	1	2	2	1	1	1	1	2	2	1	1	1	1	2	2	2	2	1	1	1	1	2	2
15	1	2	2	2	2	1	1	2	2	1	1	2	2	2	2	1	1	2	2	2	2	1	1	2	2	1	1	1	1	2	2
16	1	2	2	2	2	1	1	2	2	1	1	2	2	2	2	2	2	1	1	1	1	2	2	1	1	2	2	2	2	1	1
17	2	1	2	1	2	1	2	1	2	1	2	1	2	1	2	1	2	1	2	1	2	1	2	1	2	1	2	1	2	1	2
18	2	1	2	1	2	1	2	1	2	1	2	1	2	1	2	2	1	2	1	2	1	2	1	2	1	2	1	2	1	2	1
19	2	1	2	1	2	1	2	2	1	2	1	2	1	2	1	1	2	1	2	1	2	1	2	2	1	2	1	2	1	2	1
20	2	1	2	1	2	1	2	2	1	2	1	2	1	2	1	2	1	2	1	2	1	2	1	1	2	1	2	1	2	1	2
21	2	1	2	2	1	2	1	1	2	1	2	2	1	2	1	1	2	1	2	2	1	2	1	1	2	1	2	2	1	2	1
22	2	1	2	2	1	2	1	1	2	1	2	2	1	2	1	2	1	2	1	1	2	1	2	2	1	2	1	1	2	1	2
23	2	1	2	2	1	2	1	2	1	2	1	1	2	1	2	1	2	1	2	2	1	2	1	2	1	2	1	1	2	1	2
24	2	1	2	2	1	2	1	2	1	2	1	1	2	1	2	2	1	2	1	1	2	1	2	1	2	1	2	2	1	2	1
25	2	2	1	1	2	2	1	1	2	2	1	1	2	2	1	1	2	2	1	1	2	2	1	1	2	2	1	1	2	2	1
26	2	2	1	1	2	2	1	1	2	2	1	1	2	2	1	2	1	1	2	2	1	1	2	2	1	1	2	2	1	1	2
27	2	2	1	1	2	2	1	2	1	1	2	2	1	1	2	1	2	2	1	1	2	2	1	2	1	1	2	2	1	1	2
28	2	2	1	1	2	2	1	2	1	1	2	2	1	1	2	2	1	1	2	2	1	1	2	1	2	2	1	1	2	2	1
29	2	2	1	2	1	1	2	1	2	2	1	2	1	1	2	1	2	2	1	2	1	1	2	1	2	2	1	2	1	1	2
30	2	2	1	2	1	1	2	1	2	2	1	2	1	1	2	2	1	1	2	1	2	2	1	2	1	1	2	1	2	2	1
31	2	2	1	2	1	1	2	2	1	1	2	1	2	2	1	1	2	2	1	2	1	1	2	2	1	1	2	1	2	2	1
32	2	2	1	2	1	1	2	2	1	1	2	1	2	2	1	2	1	1	2	1	2	2	1	1	2	2	1	2	1	1	2

附录3　*F* 分布临界值表

$\alpha=0.005$

k_2 \ k_1	1	2	3	4	5	6	8	12	24	∞
1	16 211	20 000	21 615	22 500	23 056	23 437	23 925	24 426	24 940	25 465
2	198.50	199.00	199.20	199.20	199.30	199.30	199.40	199.40	199.50	199.50
3	55.55	49.80	47.47	46.19	45.39	44.84	44.13	43.39	42.62	41.83
4	31.33	26.28	24.26	23.15	22.46	21.97	21.35	20.70	20.03	19.32
5	22.78	18.31	16.53	15.56	14.94	14.51	13.96	13.38	12.78	12.14
6	18.63	14.45	12.92	12.03	11.46	11.07	10.57	10.03	9.47	8.88
7	16.24	12.40	10.88	10.05	9.52	9.16	8.68	8.18	7.65	7.08
8	14.69	11.04	9.60	8.81	8.30	7.95	7.50	7.01	6.50	5.95
9	13.61	10.11	8.72	7.96	7.47	7.13	6.69	6.23	5.73	5.19
10	12.83	9.43	8.08	7.34	6.87	6.54	6.12	5.66	5.17	4.64
11	12.23	8.91	7.60	6.88	6.42	6.10	5.68	5.24	4.76	4.23
12	11.75	8.51	7.23	6.52	6.07	5.76	5.35	4.91	4.43	3.90
13	11.37	8.19	6.93	6.23	5.79	5.48	5.08	4.64	4.17	3.65
14	11.06	7.92	6.68	6.00	5.56	5.26	4.86	4.43	3.96	3.44
15	10.80	7.70	6.48	5.80	5.37	5.07	4.67	4.25	3.79	3.26
16	10.58	7.51	6.30	5.64	5.21	4.91	4.52	4.10	3.64	3.11
17	10.38	7.35	6.16	5.50	5.07	4.78	4.39	3.97	3.51	2.98
18	10.22	7.21	6.03	5.37	4.96	4.66	4.28	3.86	3.40	2.87
19	10.07	7.09	5.92	5.27	4.85	4.56	4.18	3.76	3.31	2.78
20	9.94	6.99	5.82	5.17	4.76	4.47	4.09	3.68	3.22	2.69
21	9.83	6.89	5.73	5.09	4.68	4.39	4.01	3.60	3.15	2.61
22	9.73	6.81	5.65	5.02	4.61	4.32	3.94	3.54	3.08	2.55
23	9.63	6.73	5.58	4.95	4.54	4.26	3.88	3.47	3.02	2.48
24	9.55	6.66	5.52	4.89	4.49	4.20	3.83	3.42	2.97	2.43
25	9.48	6.60	5.46	4.84	4.43	4.15	3.78	3.37	2.92	2.38
26	9.41	6.54	5.41	4.79	4.38	4.10	3.73	3.33	2.87	2.33
27	9.34	6.49	5.36	4.74	4.34	4.06	3.69	3.28	2.83	2.29
28	9.28	6.44	5.32	4.70	4.30	4.02	3.65	3.25	2.79	2.25
29	9.23	6.40	5.28	4.66	4.26	3.98	3.61	3.21	2.76	2.21
30	9.18	6.35	5.24	4.62	4.23	3.95	3.58	3.18	2.73	2.18
40	8.83	6.07	4.98	4.37	3.99	3.71	3.35	2.95	2.50	1.93
60	8.49	5.79	4.73	4.14	3.76	3.49	3.13	2.74	2.29	1.69
120	8.18	5.54	4.50	3.92	3.55	3.28	2.93	2.54	2.09	1.43

附录3 F分布临界值表

$\alpha=0.01$

k_2 \ k_1	1	2	3	4	5	6	8	12	24	∞
1	4 052	4 999	5 403	5 625	5 764	5 859	5 981	6 106	6 234	6 366
2	98.49	99.01	99.17	99.25	99.30	99.33	99.36	99.42	99.46	99.50
3	34.12	30.81	29.46	28.71	28.24	27.91	27.49	27.05	26.60	26.12
4	21.20	18.00	16.69	15.98	15.52	15.21	14.80	14.37	13.93	13.46
5	16.26	13.27	12.06	11.39	10.97	10.67	10.29	9.89	9.47	9.02
6	13.74	10.92	9.78	9.15	8.75	8.47	8.10	7.72	7.31	6.88
7	12.25	9.55	8.45	7.85	7.46	7.19	6.84	6.47	6.07	5.65
8	11.26	8.65	7.59	7.01	6.63	6.37	6.03	5.67	5.28	4.86
9	10.56	8.02	6.99	6.42	6.06	5.80	5.47	5.11	4.73	4.31
10	10.04	7.56	6.55	5.99	5.64	5.39	5.06	4.71	4.33	3.91
11	9.65	7.20	6.22	5.67	5.32	5.07	4.74	4.40	4.02	3.60
12	9.33	6.93	5.95	5.41	5.06	4.82	4.50	4.16	3.78	3.36
13	9.07	6.70	5.74	5.20	4.86	4.62	4.30	3.96	3.59	3.16
14	8.86	6.51	5.56	5.03	4.69	4.46	4.14	3.80	3.43	3.00
15	8.68	6.36	5.42	4.89	4.56	4.32	4.00	3.67	3.29	2.87
16	8.53	6.23	5.29	4.77	4.44	4.20	3.89	3.55	3.18	2.75
17	8.40	6.11	5.18	4.67	4.34	4.10	3.79	3.45	3.08	2.65
18	8.28	6.01	5.09	4.58	4.25	4.01	3.71	3.37	3.00	2.57
19	8.18	5.93	5.01	4.50	4.17	3.94	3.63	3.30	2.92	2.49
20	8.10	5.85	4.94	4.43	4.10	3.87	3.56	3.23	2.86	2.42
21	8.02	5.78	4.87	4.37	4.04	3.81	3.51	3.17	2.80	2.36
22	7.94	5.72	4.82	4.31	3.99	3.76	3.45	3.12	2.75	2.31
23	7.88	5.66	4.76	4.26	3.94	3.71	3.41	3.07	2.70	2.26
24	7.82	5.61	4.72	4.22	3.90	3.67	3.36	3.03	2.66	2.21
25	7.77	5.57	4.68	4.18	3.86	3.63	3.32	2.99	2.62	2.17
26	7.72	5.53	4.64	4.14	3.82	3.59	3.29	2.96	2.58	2.13
27	7.68	5.49	4.60	4.11	3.78	3.56	3.26	2.93	2.55	2.10
28	7.64	5.45	4.57	4.07	3.75	3.53	3.23	2.90	2.52	2.06
29	7.60	5.42	4.54	4.04	3.73	3.50	3.20	2.87	2.49	2.03
30	7.56	5.39	4.51	4.02	3.70	3.47	3.17	2.84	2.47	2.01
40	7.31	5.18	4.31	3.83	3.51	3.29	2.99	2.66	2.29	1.80
60	7.08	4.98	4.13	3.65	3.34	3.12	2.82	2.50	2.12	1.60
120	6.85	4.79	3.95	3.48	3.17	2.96	2.66	2.34	1.95	1.38
∞	6.64	4.60	3.78	3.32	3.02	2.80	2.51	2.18	1.79	1.00

α=0.05

k_2 \ k_1	1	2	3	4	5	6	8	12	24	∞
1	161.40	199.50	215.70	224.60	230.20	234.00	238.90	243.90	249.00	254.30
2	18.51	19.00	19.16	19.25	19.30	19.33	19.37	19.41	19.45	19.50
3	10.13	9.55	9.28	9.12	9.01	8.94	8.84	8.74	8.64	8.53
4	7.71	6.94	6.59	6.39	6.26	6.16	6.04	5.91	5.77	5.63
5	6.61	5.79	5.41	5.19	5.05	4.95	4.82	4.68	4.53	4.36
6	5.99	5.14	4.76	4.53	4.39	4.28	4.15	4.00	3.84	3.67
7	5.59	4.74	4.35	4.12	3.97	3.87	3.73	3.57	3.41	3.23
8	5.32	4.46	4.07	3.84	3.69	3.58	3.44	3.28	3.12	2.93
9	5.12	4.26	3.86	3.63	3.48	3.37	3.23	3.07	2.90	2.71
10	4.96	4.10	3.71	3.48	3.33	3.22	3.07	2.91	2.74	2.54
11	4.84	3.98	3.59	3.36	3.20	3.09	2.95	2.79	2.61	2.40
12	4.75	3.88	3.49	3.26	3.11	3.00	2.85	2.69	2.50	2.30
13	4.67	3.80	3.41	3.18	3.02	2.92	2.77	2.60	2.42	2.21
14	4.60	3.74	3.34	3.11	2.96	2.85	2.70	2.53	2.35	2.13
15	4.54	3.68	3.29	3.06	2.90	2.79	2.64	2.48	2.29	2.07
16	4.49	3.63	3.24	3.01	2.85	2.74	2.59	2.42	2.24	2.01
17	4.45	3.59	3.20	2.96	2.81	2.70	2.55	2.38	2.19	1.96
18	4.41	3.55	3.16	2.93	2.77	2.66	2.51	2.34	2.15	1.92
19	4.38	3.52	3.13	2.90	2.74	2.63	2.48	2.31	2.11	1.88
20	4.35	3.49	3.10	2.87	2.71	2.60	2.45	2.28	2.08	1.84
21	4.32	3.47	3.07	2.84	2.68	2.57	2.42	2.25	2.05	1.81
22	4.30	3.44	3.05	2.82	2.66	2.55	2.40	2.23	2.03	1.78
23	4.28	3.42	3.03	2.80	2.64	2.53	2.38	2.20	2.00	1.76
24	4.26	3.40	3.01	2.78	2.62	2.51	2.36	2.18	1.98	1.73
25	4.24	3.38	2.99	2.76	2.60	2.49	2.34	2.16	1.96	1.71
26	4.22	3.37	2.98	2.74	2.59	2.47	2.32	2.15	1.95	1.69
27	4.21	3.35	2.96	2.73	2.57	2.46	2.30	2.13	1.93	1.67
28	4.20	3.34	2.95	2.71	2.56	2.44	2.29	2.12	1.91	1.65
29	4.18	3.33	2.93	2.70	2.54	2.43	2.28	2.10	1.90	1.64
30	4.17	3.32	2.92	2.69	2.53	2.42	2.27	2.09	1.89	1.62
40	4.08	3.23	2.84	2.61	2.45	2.34	2.18	2.00	1.79	1.51
60	4.00	3.15	2.76	2.52	2.37	2.25	2.10	1.92	1.70	1.39
120	3.92	3.07	2.68	2.45	2.29	2.17	2.02	1.83	1.61	1.25
∞	3.84	2.99	2.60	2.37	2.21	2.09	1.94	1.75	1.52	1.00

附录3　*F*分布临界值表

α=0.10

k_2 \ k_1	1	2	3	4	5	6	8	12	24	∞
1	39.86	49.50	53.59	55.83	57.24	58.20	59.44	60.71	62.00	63.33
2	8.53	9.00	9.16	9.24	9.29	9.33	9.37	9.41	9.45	9.49
3	5.54	5.46	5.36	5.32	5.31	5.28	5.25	5.22	5.18	5.13
4	4.54	4.32	4.19	4.11	4.05	4.01	3.95	3.90	3.83	3.76
5	4.06	3.78	3.62	3.52	3.45	3.40	3.34	3.27	3.19	3.10
6	3.78	3.46	3.29	3.18	3.11	3.05	2.98	2.90	2.82	2.72
7	3.59	3.26	3.07	2.96	2.88	2.83	2.75	2.67	2.58	2.47
8	3.46	3.11	2.92	2.81	2.73	2.67	2.59	2.50	2.40	2.29
9	3.36	3.01	2.81	2.69	2.61	2.55	2.47	2.38	2.28	2.16
10	3.29	2.92	2.73	2.61	2.52	2.46	2.38	2.28	2.18	2.06
11	3.23	2.86	2.66	2.54	2.45	2.39	2.30	2.21	2.10	1.97
12	3.18	2.81	2.61	2.48	2.39	2.33	2.24	2.15	2.04	1.90
13	3.14	2.76	2.56	2.43	2.35	2.28	2.20	2.10	1.98	1.85
14	3.10	2.73	2.52	2.39	2.31	2.24	2.15	2.05	1.94	1.80
15	3.07	2.70	2.49	2.36	2.27	2.21	2.12	2.02	1.90	1.76
16	3.05	2.67	2.46	2.33	2.24	2.18	2.09	1.99	1.87	1.72
17	3.03	2.64	2.44	2.31	2.22	2.15	2.06	1.96	1.84	1.69
18	3.01	2.62	2.42	2.29	2.20	2.13	2.04	1.93	1.81	1.66
19	2.99	2.61	2.40	2.27	2.18	2.11	2.02	1.91	1.79	1.63
20	2.97	2.59	2.38	2.25	2.16	2.09	2.00	1.89	1.77	1.61
21	2.96	2.57	2.36	2.23	2.14	2.08	1.98	1.87	1.75	1.59
22	2.95	2.56	2.35	2.22	2.13	2.06	1.97	1.86	1.73	1.57
23	2.94	2.55	2.34	2.21	2.11	2.05	1.95	1.84	1.72	1.55
24	2.93	2.54	2.33	2.19	2.10	2.04	1.94	1.83	1.70	1.53
25	2.92	2.53	2.32	2.18	2.09	2.02	1.93	1.82	1.69	1.52
26	2.91	2.52	2.31	2.17	2.08	2.01	1.92	1.81	1.68	1.50
27	2.90	2.51	2.30	2.17	2.07	2.00	1.91	1.80	1.67	1.49
28	2.89	2.50	2.29	2.16	2.06	2.00	1.90	1.79	1.66	1.48
29	2.89	2.50	2.28	2.15	2.06	1.99	1.89	1.78	1.65	1.47
30	2.88	2.49	2.28	2.14	2.05	1.98	1.88	1.77	1.64	1.46
40	2.84	2.44	2.23	2.09	2.00	1.93	1.83	1.71	1.57	1.38
60	2.79	2.39	2.18	2.04	1.95	1.87	1.77	1.66	1.51	1.29
120	2.75	2.35	2.13	1.99	1.90	1.82	1.72	1.60	1.45	1.19
∞	2.71	2.30	2.08	1.94	1.85	1.17	1.67	1.55	1.38	1.00